社会文化视野下的上海城市更新路径丛书

U0281915

新一轮旧区改造
构建高品质生活空间

莫 霞　魏 沅
Mo Xia　Wei Yuan

著

上海文化发展基金会
图书出版
专项基金资助项目

上海科学技术出版社

图书在版编目（ＣＩＰ）数据

新一轮旧区改造：构建高品质生活空间 / 莫霞，魏沅著. -- 上海：上海科学技术出版社，2024.6
（社会文化视野下的上海城市更新路径）
ISBN 978-7-5478-6616-0

Ⅰ．①新… Ⅱ．①莫… ②魏… Ⅲ．①旧城改造—研究—上海 Ⅳ．①TU984.251

中国国家版本馆CIP数据核字(2024)第081507号

新一轮旧区改造：构建高品质生活空间
莫　霞　魏　沅　著

上海世纪出版（集团）有限公司
上 海 科 学 技 术 出 版 社　出版、发行
（上海市闵行区号景路 159 弄 A 座 9F-10F ）
邮政编码 201101　　www.sstp.cn
上海展强印刷有限公司印刷
开本 787×1092　1/16　印张 10.5
字数 100 千字
2024 年 6 月第 1 版　2024 年 6 月第 1 次印刷
ISBN 978-7-5478-6616-0/TU·349
定价：98.00 元

内容提要

　　《上海市城市总体规划（2017—2035 年）》中明确提出，要将上海建设成为"卓越的全球城市、具有世界影响力的社会主义现代化国际大都市"，并且要牢牢把握高质量发展和高品质生活这两大落脚点，在规划的精细化落实上下更大功夫。早在 2001 年，上海就开始推进针对二级旧里以下地区的新一轮改造工作，2017 年上海城市建设从"拆改留"向"留改拆"转变，开始全面推进新一轮的旧区改造工作，加快改善中心城二级旧里以下房屋中的困难群众居住条件。2022 年 7 月，黄浦区建国东路 68 街坊及 67 街坊东块旧改生效，标志着上海全面完成了成片二级旧里以下房屋改造，全面进入了"两旧一村"改造阶段。这些旧改工作不仅只是改善了物质空间环境，同时也是社区结构重组、社会文化再造的一个过程，让上海这座城市发展内涵更有厚度。

　　在新时期，本书希望通过梳理上海旧区改造发展历程，借鉴国内外经验，从社区建设、住区规划、住宅建筑等多维度，对制度保障、规划管控和行动创新等问题予以总结并提出相关建议，思考如何改善居民生活条件，维护社区邻里关系，增强居民的获得感、幸福感和安全感；引导在物质空间层面改造社区的同时，兼顾社会文化、行动模式等因素，为旧区改造相关工作的顺利推进提供有力支撑。

序 一

在经历了改革开放以来数十年的快速增长后，我国的经济社会发展进入了"新常态"，在指导思想上则是较以往更为注重生态文明建设和质量型发展。党的二十大报告明确提出要贯彻以人民为中心的发展思想，让人民生活得到全方位的改善；并要"坚持人民城市人民建、人民城市为人民，提高城市规划、建设、治理水平，加快转变超大特大城市发展方式，实施城市更新行动，加强城市基础设施建设，打造宜居、韧性、智慧城市"。贯彻落实二十大精神，城市规划和建设治理要有新的思路和举措；结合"加快建成具有世界影响力的社会主义现代化国际大都市"的国家使命，上海要加快转变发展方式和加强科创中心建设，并在引领长三角地区一体化发展和参与全球经济竞争等方面发挥重要作用。

上海中心城区已经进入了以存量开发为主的空间发展阶段，提升城市品质、改善民生、注重历史风貌保护是这个阶段重要使命；与此相契合，上海城市更新的方针已经从"拆改留"转变为"留改拆"，并正在全面推进15分钟社区生活圈建设。同时，上海也正在开展新一轮旧区改造工作，其目标是全面改造中心城二级以下旧里；此外，上海还在推进"两旧一村"的改造工作。旧区改造作为城市更新的重要组成部分，是重要的民生工程和民心工程，对于提升人居品质具有重要作用。但这项工作的难度也很大，需要各方面的支持和配合，并要创新更新改造的工作模式。在市区两级政府和相关功能性机构的努力下，上海新一轮旧区改造的步伐很快，尤其是黄浦、静安、杨浦、虹口等旧区改造任务比较重的城区，近两年来的成效显著，并探索了各具特色的旧区改造模式和实施路径。

　　诸多建设领域的专业技术人员参与了旧区改造工作，不辞艰辛，亦积累了较丰富的实践经验和学术成果。由莫霞、魏沉所著的《新一轮旧区改造：构建高品质生活空间》，可谓是当下鲜活实践的记录和总结。书中的内容源于作者及所在团队的工作经历和感悟。结合对国内外经验的借鉴，作者全面梳理了近年来上海市中心城区的里弄街区、工人新村、售后公房住区等多种类型的旧区改造实践案例，系统分析了旧区改造的时代背景、影响要素、改造方式和操作流程，并探究了其实施模式和关键技术。在分析研究的基础上，还从社区建设、住区规划和住宅建筑等维度，对政策供给、规划管控和行动创新等问题作了总结并提出了自己的创见。难能可贵的，书中不但引介了旧住区物质空间层面的更新改造案例和经验，还探讨了在更新改造中如何兼容和提升社会文化层面的内涵。相信本书的出版将会给同行带来启迪，并进而促进人民城市建设的践行。

同济大学建筑与城市规划学院教授、博士生导师

中国城市规划学会国外城市规划分会、规划实施分会副主任委员

2024 年 5 月 2 日于同济大学西苑

序 二

党的二十大报告强调，高质量发展是全面建设社会主义现代化国家的首要任务，同时也明确，坚持人民城市人民建、人民城市为人民，提高城市规划、建设、治理水平，加快转变超大特大城市发展方式。2023年年底，习近平总书记在上海市考察调研时也提出了"加快建成具有世界影响力的社会主义现代化国际大都市"的要求。而实施城市更新行动，是贯彻党的二十大精神、加快转变超大城市发展方式的重要举措。在开展城市更新相关工作中，上海坚持"以人民为中心"，把满足人民日益增长的美好生活需要作为出发点和落脚点，不断改善民生，增强人民群众获得感、幸福感、安全感。

《新一轮旧区改造：构建高品质生活空间》这本书立足于民生保障和群众居住条件改善的需求，研究居住区域整体更新的方法与路径，立意高，也具备相应的实用价值和学术意义。书中在深入研究国内外若干城市相关经验的基础上，重点对上海近些年开展旧区改造的多个典型案例总结提炼，分析梳理了社会文化视野下上海在城市旧区改造的经验，系统地总结了上海中心城区旧区改造的政策供给保障、规划管控技术要求以及行动实施路径，有助于推动城市住区在更新改造方面实现更加科学、人文和可持续的发展。同时，本书中的相关研究还具有一定的前瞻性和可扩展性，可以为上海当下以"两旧一村"为抓手，按照高质量发展的要求深入推动城市更新工作提供有益的借鉴和参考。

城市更新一头连着民生，一头连着发展。近年来，上海市城市更新工作攻坚克难、开拓创新，市民宜居安居取得新进展，城市功能提升彰显新成效，城市环境品质得到新提升，更新机制创新实现新突破。面对以高质量发展为主题的新阶段，上海正在总结过往旧区改造经验中开拓前进，创新城市更新模式，综合考虑资金平衡、民生改善、功能提升、风貌保护等要素，通过形成群众满意度高、综合效益好、财政可承受的更新模式，促进城市更新可持续发展。

上海市规划和自然资源局详规处（城市更新处）处长

2024 年 5 月 14 日

目　录

导论

旧区改造：
推动高质量发展、创造
高品质生活的重要举措

早在 6 000 年前后，人们就已经在上海这片土地上生活劳作。上海自元十五年（1278 年）设立松江府以来，随着城市的发展，城市规模不断扩大，形成了自己"海纳百川"的城市文化。在这样一个具有浓郁历史文化特征的城市，社区作为其组成的基本单元，是由具有共同文化的群体组织组成的社会生活共同体。正是因为拥有共同文化，才会有社区凝聚力和归属感，而共同文化的维持又依赖于良好的社区居住环境和文化氛围的熏陶。如何打造具有在地文化属性的城市记忆？如何保留钢筋水泥里的烟火气和人情味？如何传承延续体现社区"个性"的文化特色？这些都是需要在理解"人民城市为人民"重要理念下重点关注的。因此，需要通过加快推进城市更新背景下的旧区改造，真正实现"让城市留下记忆，让人们记住乡愁"。

在中国共产党第二十次全国代表大会等重要会议的报告中均提到要贯彻以人民为中心的发展思想，在老有所养、住有所居等方面，让人民生活得到全方位的改善。人民城市人民建，人民城市为人民，旧区改造作为重要的民生工程和民心工程，也是城市更新的重要组成部分。"十三五"期间，上海旧区改造取得突破，中心城区共改造二级旧里以下房屋约 281 万平方米，超额完成原定 240 万平方米的约束性指标。同时，旧区改造质量显著提升。近年来，上海基本在当年 10 月份就能完成全年目标任务，全年新开旧区改造基地签约率均能在很短时间内达到 99% 以上。尤其是黄浦、静安、杨浦、虹口等旧区改造任务比较艰巨的中心城区，近两年来旧区改造步伐明显加快，成效显著，创造了各具特色的旧区改造模式，积累了丰富的旧区改造经验。"十四五"期间，上海旧区改造已进入决战决胜阶段，将坚决完成成片二级以下旧里改造收尾工作，全力打响零星二级以下旧里攻坚战。2021 年发布的《关于加快推进本市旧住房更新改造工作的若干意见》将上海市旧住房更新改造范围确定为：2000 年底前建成、使用功能不完善、配套设施不健全、群众改造意愿迫切的老旧小区（有条件的区可以适当将 2005 年底前建成的小区纳入改造范围）。2022 年 7 月，随着黄浦区建国东路 68 街坊及 67 街坊东块旧改生效，上海全面完成成片二级旧里以下房屋改造。后续上海将计划用 10 年时间完成"两旧一村"（即中心城区零星二级旧里以下房屋、不成套旧住房和"城中村"）改造任务计划。目前，主要结合人民群众最关心最直接、最现实的急难愁盼问题，如正在推进的中心城区零星二级以下旧里房屋改造，由于零星旧改单个地块存在面积小、开发价值低、资金筹措难等问题，研究范围要求从零星地块拓展到其所在的区域层面，更加关注存量资源的整合，运用"边角料"撬动"大民生"。

为响应上述发展情势与核心诉求，本书重点系统梳理近几年上海市中心城区旧区改造的实践案例：涉及代表"海派文化"的里弄街区、新中国成立后形成的工人新村、1980 年住房改革后形成的职工住宅等多种类型，考察旧区改造背景、操作流程，分析其影响要素、改造方式，研究实施模式与关键技术等，形成经验借鉴与参考，促进人民城市建设的深入践行。

具体而言，本文共分为八个章节。第一章"上海旧区改造发展历程演进"梳理了上海市中心城区旧区改造三个阶段的发展历程，并研究分析和总结各个阶段的相关背景及改造方式。第二章"上海旧区改造政策法规及改造方式总结"梳理并分析了涵盖城市更新、旧住房改造和历史风貌保护等三方面的上海旧区改造政策法规，并分析总结了近些年上海旧区改造方式的主要优势与困境。第三章"多措并举的国内外旧区改造"，则是基于对国外旧区改造的典型实践案例的梳理，从改造内容、运作模式、资金来源等方面重点研究国外旧区改造案例是如何通过精细化、人性化举措提升幸福感的；研究国内北京、广州、深圳、上海等大城市如何通过多元化存量更新实现提质增效，总结、提炼经验，为探索旧区改造模式提供参考与指导。第四章"社会文化视野下的上海旧区改造"，选取与上海社会文化息息相关的的里弄街区、新中国成立后形成的工人新村、1980 年住房改革后形成的售后公房住区三类典型社区案例，探讨在不同类型的旧区更新中如何平衡风貌保护与改善民生。第五章"制度保障：精准有效的政策供给"，从确立差异化更新目标、优化资金平衡政策、形成公平补偿政策等多维引导，探索精准有效的政策保障。第六章"规划管控：多维度多层次的技术要素"，是从理论到实践的进一步提炼、总结和提升。全章研究、提炼旧区改造关键技术，高效利用空间资源，尤其是在"留改拆"的新时期背景下，探索在加大推进旧区改造、改善民生的同时，强化历史建筑保护和历史风貌保护，尽最大可能传承城市记忆、延续历史文脉的关键技术。第七章"行动创新：公平效率与可持续"，从思考多元主体参与规划，以及多途径实现资金平衡和项目有序运作两方面探索多维的行动实施路径，确保实施，保障民生。结语"可持续推进城市更新与改善民生"则是回顾和展望上海旧区改造是如何可持续推进城市更新与改善民生的。

在笔者开始撰写本书之际，已有一些成熟的城市旧区改造相关的书籍，并具有开阔的视野与较强的参考性。本书则具有自身的特点与优势，深度诠释了上海这样的国际大都市在新时期城市更新与改善民生方面所做出的极大努力与丰富贡献。本书的具体创新点可体现在以下三方面：第一，紧跟时代需求，加强理论与实践系统性研

全市首个城市更新试点项目——虹口区瑞康里内居民已基本全部搬离（2024 年 3 月）

究，具有时效性和前瞻性。旧区改造是上海"十四五"期间重要的民生工程和民心工程。目前，上海还存在着一定规模房屋破旧、安全隐患严重、居住条件差的非成套房屋，改造需求十分迫切。在此背景下，上海的旧区改造模式的研究更为迫切和必要，并且应提出更高的要求。第二，本书关注以人为本的多元公众参与形式，坚持问题导向，总结相关经验，对进一步推进相关旧区改造工作具有重要的现实意义。研究过程中结合具体项目，听取相关专家、政府部门、设计师、居民代表等多方人员意见，并将他们在改造过程中的意愿、想法及影响因素进行了较为完整的梳理，结合"自上而下"和"自下而上"的角度，通过刚性控制、弹性引导等技术探索，完善住宅小区基本功能，扩大社区服务供给，强化建筑设计理念。第三，通过多维度多层次研究旧区改造模式及关键技术，推进了城市精细化管理研究。《上海市城市总体规划（2017—2035 年）》明确提出，要将上海建设成为"卓越的全球城市、具有世界影响力的社会主义现代化国际大都市"，并且要牢牢把握高质量发展和高品质生活这两大落脚点，在规划的精细化落实上下更大功夫。本书关涉和着眼旧区改造的一系列实践案例，从社区、居住区、住宅建筑等多维度，通过研究规划设计及实施中的技术标准、操作流程、政策限定等内容，为旧区改造的顺利推进提供有力的支撑，具有较强的社会及实践意义。

第一章

上海旧区改造
发展历程演进

随着时代的发展变迁和社会的不断进步，人民对美好生活的向往愈加强烈。上海尤其是中心城区中许多建设时间久远的老旧小区，已不能满足人们生活的日常需求；同时，还存在着多维的问题，在一定程度上制约着城市的发展，因而对这些区域的改造迫在眉睫。

自上海 1949 年 5 月 27 日解放以来，上海市对旧住宅的改造经历了漫长多样的发展历程，"拎着马桶看东方明珠"透着许多辛酸与无奈。初解放时，全市有棚户、简屋 322.8 万平方米，占住宅总面积 13.7%，以杨浦、闸北、虹口、普陀、南市等区为多，主要分布在市区边缘，以及工厂、车站、码头附近，居民居住环境很差；有旧式里弄住宅 1 242.5 万平方米，占住宅总面积 52.6%，大多集中于黄浦、南市、虹口、闸北、普陀等区，分布在市区的商业街地带，其中因长期失修，有不少已成危房。[①]新中国成立后至 1978 年，上海开展了如填没肇嘉浜以及拆除沿浜搭建的棚户简屋和滚地龙等适度的旧区改造和动拆迁工作，但并没有针对性的完备法规，还处于摸索阶段，旧区改造工作进展缓慢（图 1.1）。

自 20 世纪 90 年代起，上海旧区改造工作迈开了更大的步伐，先后经历了"365"危棚简屋改造、"十五"的"拆改留"并举、"十一五"成片二级旧里以下房屋改造与"十二五"多种改造方式并行的旧房改造，再到现在的"留改拆并举、以保留保护为主"的新一轮旧区改造，取得了辉煌的成就，也留下了许多经验教训。

经梳理上海统计年鉴发现，1990—2006 年间，新式里弄、旧式里弄、简屋较 1990 年减少了 2 411 万平方米（表 1.1）。自 1992 年起，上海开始了大规模旧区改造，政府也逐渐起到主导作用，明确指出

---

① 《上海住宅建设志》编纂委员会.上海住宅建设志[M].上海：上海社会科学院出版社，1998.

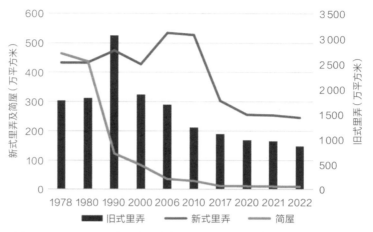

图 1.1　1978—2022 年上海旧式房屋数量统计

表 1.1　上海 1978—2022 年各种居住类型建筑面积

年份	1978	1980	1990	2000	2006	2010	2017	2020	2021	2022
居住房屋（万平方米）	4 117	4 403	8 901	20 865	40 857	52 639	67 281	71 152	72 864	74 185
花园住宅	128	134	158	250	1 464	2 064	1 840	1 861	1 864	1 863
职工住宅＋公寓	1 230	1 494	5 002	18 145	37 032	48 443	62 453	66 324		
公寓	90	92	118	206	528	492	62 453	66 324	68 015	69 409
职工住宅	1 140	1 402	4 884	17 939	36 504	47 951				
新式里弄	433	434	474	428	534	527	303	256	254	246
旧式里弄	1 777	1 822	3 067	1 896	1 689	1 237	1 109	987	961	860
简屋	464	437	123	84	36	29	11	10	9	9
其他	85	82	77	62	101	339				

注：根据市住房保障和房屋管理局提供居住房屋分类的调整，2011 年起公寓数据包含职工住宅数据，2012 年起取消其他分类。

要改造危房、棚户、简屋，以改善居民居住条件（图 1.2）。上海市第六次党代会提出了至 20 世纪末完成 365 万平方米危棚简屋改造的目标，先后推出了减免或缓缴土地出让金、税费优惠、财政补贴、鼓励房地产开发企业参与等一系列政策措施。2007—2017 年，上海市全面实施阳光拆迁（征收），持续推进旧区改造，共改造二级旧里以下房屋 770 万平方米，受益居民 31 万户。其中，2008 年初，上海市九届市委以"创新旧区改造机制，完善旧区改造政策"为年度重大调研课题，研究形成了"启动之前听群众（事前征询制度）、补偿标准数砖头、安置方式多选择、住房保障来托底"的旧区改造思路；并于 2011 年出台了《上海市国有土地上房屋征收与补偿实施细则》（市政府 71 号令），进一步规范旧区改造征收和补偿工作。2017 年至今，上海城市建设从"拆改留"向"留改拆"转变，统筹推进风貌保护和旧区改造，旧区改造开始加速度，2022 年 7 月，上海市黄浦区建国东路 68 街坊和 67 街坊东块旧区改造第二轮征询签约率超过 97%，这标志着上海中心城区成片二级旧里以下房屋改造全面完成（表 1.2、图 1.3、图 1.4）。

图 1.2　1950—2015 年上海市市区人均居住面积变化

注：20 世纪 90 年代是上海城市建设史上旧区改造力度最大、速度最快的十年。

表 1.2　上海旧区改造 1991 年至今情况梳理

阶段一："拆旧建新"的危棚简屋改造	1991—2000年	政府主导，多方参与，完成了 365 万平方米危棚简屋改造	1991—2000 年底，共改造各类旧住房 1200 余万平方米，受益居民约 48 万户，住房成套率达到 74%	• 1996 年，黄浦区（原卢湾区）太平桥地区旧区改造； • 1998 年，普陀区两湾一宅棚户区旧区改造
阶段二：拆改留并举、以拆为主	2001—2016年	推进以成片二级旧里为主的旧区改造，提供市属安置房源，尊重居民改造意愿，全面实施阳光拆迁（征收），持续推进旧区改造	2001—2006 年，中心城区共改造二级旧里以下房屋约 750 万平方米，受益居民约 30 万户；2007—2017 年，十年共改造二级旧里以下房屋 770 万平方米、受益居民 31 万户	• 2009 年，黄浦区（原卢湾区）建国东路 390 地块"阳光动迁"； • 2016 年，杨浦区长白街道 228 街坊两万户旧区改造
阶段三：留改拆并举、以保留保护为主	2017—2022年	从"拆改留"向"留改拆"转变，统筹推进风貌保护和旧区改造	2017—2022 年，共改造二级旧里以下房屋 332.4 万平方米，受益居民 16.7 万户；2022 年 7 月，随着黄浦区建国东路 68 街坊及 67 街坊地块旧改生效，上海全面完成成片二级旧里以下房屋改造	• 汉中小区是 2015 年第一批"美丽家园"建设试点小区，2018 年，改造工作完成； • 2016 年，聚奎新村作为黄浦区老城厢"补短板"的第一个项目，2017 年，改造完成且居民全部搬回； • 2017 年，承兴里作为"留改"模式试点启动修缮，2020 年，全面完成居民回搬工作； • 2007 年起，彭三小区被列为全市试点旧住房成套改造项目之一。2018 年，第五期旧区改造征收生效； • 2019 年初，张家花园地区旧区改造征收完成； • 2019 年底，曹杨一村旧住房成套改造工程启动，2021 年，居民全部回搬
	2023年至今	自进入 2023 年以来，上海继续全面推进"两旧一村"改造	到 2025 年，全面完成中心城区零星二级旧里以下房屋改造，基本完成小梁薄板房屋改造。实施 3 000 万平方米各类旧住房更高水平改造更新，完成既有多层住宅加装电梯 9 000 台；中心城区周边"城中村"改造项目全面启动。创建 1 000 个新时代"美丽家园"特色小区，100 个新时代"美丽家园"示范小区	• 2022 年，彭三小区五期旧住房成套改造项目居民回搬完成； • 2022 年，张家花园西区正式对市民开放； • 2022 年初至今，徐汇区全力推进"三旧"变"三新"民心工程； • 2023 年，长白 228 街坊旧区改造完成

图 1.3　更新改造后的普陀区曹杨一村（2021 年）

图 1.4　黄浦区（原卢湾区）大平桥地区旧
区改造为新天地（2021 年）

1.1　1991—2000年："拆旧建新"的危棚简屋改造

　　随着上海城市180年的历史发展和人口密度持续增加，面临的旧住房改造任务也愈加复杂且艰难。其中，存在大量非成套住房，居民长期生活在厨卫合用、卫生条件差、拥挤甚至存在安全隐患的房屋中，严重影响了居民的生活品质。20世纪七八十年代时，重点针对居住矛盾非常严重的棚户区，上海开展了以拆除重建为主的旧区改造，改善原住区内的共建配比和基础设施的同时，让原住居民得以顺利回到熟悉的居住环境。而这些房屋改造前往往是公房性质，改造后可自行买下产权。20世纪90年代初，我国允许对国有土地使用权进行有限期有偿出让，上海的旧区改造模式也发生了大的转变，不再原拆原还，而是把居民动迁到城市边缘，将原用地做新一轮的开发建设。

　　1992年，上海第六次党代会上提出上海旧区改造工作将在20世纪末要解决本市365万平方米危棚简屋改造，并于2000年宣布基本完成。1991年至2000年，十年时间内上海市内（黄浦、南市、卢湾）共拆除各类旧房屋约2 800万平方米，动迁居民64万余户。其中，拆除旧里弄房屋1 720万平方米，约34万户；简屋580万平方米，约16万户。动迁企业6 000余家，消灭54万余只手提式马桶、38万余只高危煤球炉。至2000年，上海市区人均居住面积自1991年的6.7平方米上升到2000年的11.8平方米，成效极为显著。2000年，聚焦上海中心城区成片二级旧里以下房屋，启动了新一轮旧区改造工作。

1.2 2001—2016年：拆改留并举，以拆为主

至2000年底，上海中心城区仍然存在大规模二级旧里以下旧住房，改善市民居住条件的压力仍然很大。2001年起，上海决定在"十五"期间实施重点针对成片二级以下旧里房屋的旧区改造，按照"政府扶持、市场运作、市民参与、有偿改善"原则，实行以货币安置为主的动迁政策和"拆改留并举"的改造方式。2004年后，按照国家土地出让制度调整要求，以世博园区、轨道交通等重大市政基础设施项目的拆迁为契机，上海以"市区联手、以区为主、土地储备"为主要方式继续推进旧区改造。[①]2006年起，上海按照"政府主导、土地储备"原则，探索以土地储备为主要方式的旧区改造。到2010年，旧区改造从"拆迁"到"征收"，上海及时调整机制体制，实现平稳过渡，同时继续实施市、区联手改造，土地储备中心和有关国企积极参与重点地区旧改（图1.5）。

在此期间，上海开始试点拆除重建改造，解决煤卫独用问题。例如，原闸北区政府在上海率先推出了拆除重建方案，由区财政全额拨款，彻底拆除老房原地重建，房屋竣工后"还"给居民，"拆一还一"。原闸北区彭三小区第一批拆除重建改造工程2010年竣工，居民入住，完成了144户住房的改造。2022年，五期改造全部完成，取得了良好的收效（图1.6）。

---

① 旧改30年，上海市旧区改造累计超3000万平方米，受益居民130万户！上海征收。

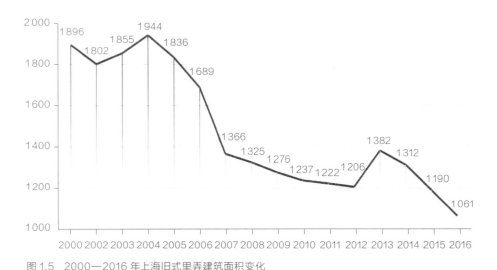

图 1.5　2000—2016 年上海旧式里弄建筑面积变化

注：随着城中村建设改造的推进，2013年上海统计年鉴中将城中村纳入旧式里弄的统计范围。

又如，位于黄浦区老城厢的聚奎新村。对该小区"吊脚楼"的拆除，是 2016 年黄浦区"重塑老城厢"行动的第一个大动作。该小区始建于 20 世纪 60 年代，共有 10 幢房屋，小梁薄板砖混结构，产业性质为直管公房。由于人均居住房屋面积太小，原本的三层楼加盖到五六层楼高；而楼与楼之间将近 5 米的间距也被挂在墙外的吊脚楼，挤占得只剩 1 米宽。在改造前，聚奎新村的 287 户居民中，有 245 户都存在各类违法搭建，其中"吊脚楼"占到 40%，存在严重的安全隐患。

建筑年代久远、房屋结构自然老化，再加上大量违法建筑，对居民的生命财产都构成了直接威胁。2016 年 3 月，搬迁及更新工作正式开始：拆除了违章搭建，加固了房屋结构，重新设计了原有房屋内部布局。重建后的聚奎新村外墙依然保持了上海老弄堂的风貌，房顶上的老虎窗，让生活在这里一辈子的老城厢居民，一下子就能找到家的感觉，真正实现了"旧址新颜，老房新生"（图 1.7）。

　　旧区改造工作极大地改善了原来人均居住面积过小、人口密度过高、配套设施和公共空间短缺的情况，然而也出现了大量的历史建筑被拆除，城市肌理和城市风貌受到较大影响等问题。截至2012年，据不完全统计，历史上遗留下来的约4 500万平方米的历史建筑中，已经近2/3不复存在，1949年全市9 214条里弄也仅剩下不到1 000条。截至2017年，经全面普查上海中心城区50年以上历史建筑情况，这些历史建筑的建筑面积也仅为2 559万平方米。

图 1.6　更新前后的彭三小区

图 1.7　更新前后的聚奎新村

1.3 2017年至今：留改拆并举，以保留保护为主

随着 2015 年《上海市城市更新实施办法》等更新政策的发布，上海进入了以存量开发为主的"内涵增长"时代。[①] 在 2003 年确定的中心城 12 个历史文化风貌区的基础上，2016—2017 年，上海对全市所有旧区改造地区开展排摸，形成了第一批风貌保护街坊，最大限度地避免了历史建筑的拆除；后又开展了中心城区外环内 50 年以上建筑的全面普查，形成了第二批风貌保护街坊。与此同时，2017年，上海市委市政府提出旧区改造方式由"拆改留并举，以拆除为主"，调整为"留改拆并举，以保留保护为主"，这就意味着拆落地改造要在充分保护"优秀历史建筑、文物建筑、历史文化风貌区内以及规划列入保留保护范围的各类里弄房屋"的前提下[②]，不仅要注重本身历史建筑元素的保留，还要与周边的城市风貌相协调。上海旧区改造在经历早些年的大拆大建后，开始探索与城市历史风貌保护相互促进的新路。

自 2020 年起，上海市探索成立了上海市城市更新中心，明确把历史风貌保护整体纳入旧区改造之中。根据 50 年以上历史建筑普查结果，在旧区改造范围内里弄建筑中约 84% 都是历史建筑，而且这些历史建筑在历史风貌区里的占比约 94%，其中约 60% 以上以里弄

---

① 刘冰.城市更新十大原则——为了更好的上海[J].城市规划学刊,2018(1): 121-122.

② 上海市人民政府印发《关于坚持留改拆并举深化城市有机更新进一步改善市民群众居住条件的若干意见》的通知,上海市人民政府公报,2018(2): 5-8.

风貌街坊为主。由此可见，旧区改造地块和历史风貌区是高度叠合。里弄作为上海最具地域代表性的居住形式，因在有限空间内解决高密度居住需求而产生，四通八达的弄堂里生动地展现着老上海的市井生活和人间百态，是城市中最能够触动人心的生活记忆。然而，随着时代变迁，里弄逐渐出现了城市肌理断裂、居住环境恶劣、土地利用低效、公共空间"失落"、场所社会性遗失等问题，这些问题亟须解决。

例如，位于上海南京西路历史文化风貌区的张家花园地区，历史上曾是上海三大私家园林之一，后作为公共开放式园林、城市公共活动中心，直至改建为里弄住宅。今天的张家花园，现存的城市肌理、石库门空间格局保存完好，被认为是上海石库门建筑群中规模最大、保存最完整的代表建筑。自 2015 年，张家花园地区历经多轮更新规划研究，立足整体风貌保护，确保公共要素，全面激发地区活力。该地区旧区改造征收于 2019 年生效，更新实施方案研究和控规局部调整落实于 2020 年全面完成，成为上海市中心城区按照"留改拆"原则进行实践的先行试点，保障了张家花园地区的保护性开发工作（图 1.8）。

如今，上海已完成的旧区改造区域主要集中在中心城区内。当前，上海城市更新工作正处于以"两旧一村"改造为重点任务的阶段，并以此为抓手深入推动城市更新（图 1.9）。

图 1.8　更新后的张家花园
（2023 年，摄影：张岑）

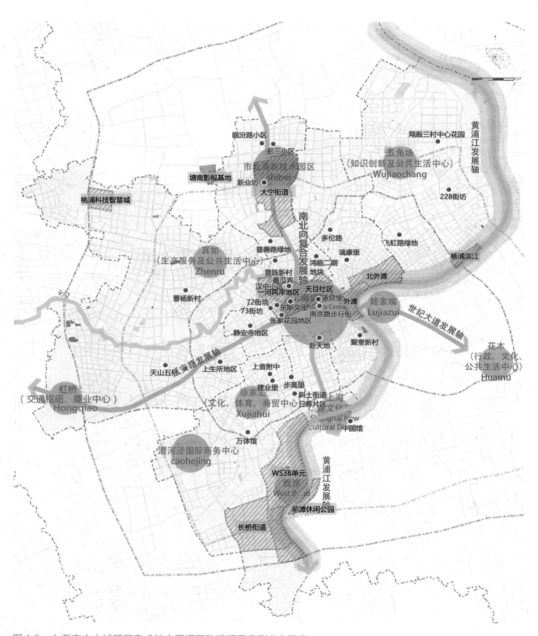

图 1.9　上海市中心城区已完成的主要旧区改造项目案例分布示意

第二章

上海旧区改造政策
法规及改造方式总结

自 2003 年以来，上海旧区改造涉及的关键政策主要涵盖城市更新、旧住房改造和历史风貌保护等多方面，政策对象愈加细致全面，更加重视城市风貌、环境品质和城市活力的提升。尤其是随着《上海市城市更新实施办法》等更新政策的发布，上海进入了以存量开发为主的"内涵增长"时代，上海旧区改造方式也从"拆改留"转向"留改拆"。2003—2017 年期间，上海从确定中心城 12 个历史文化风貌区到对全市所有旧改地区开展排摸，形成了第一批风貌保护街坊，后又开展了中心城区外环内 50 年以上建筑的全面普查，形成了第二批风貌保护街坊。2018 年，上海市第十五届人大常委会第五次会议明确"坚持成片历史风貌保护的大方向、大政策不变，全市 730 万石库门里弄住宅的保留保护面积不变，加大政策力度，想方设法改善居民的居住条件"的改造原则。《上海市历史风貌区和优秀历史建筑保护条例》（2019 年）中对包含历史文化风貌区在内的多种保护对象进行整理保护，并细化了历史风貌保护和管控的要求，历史风貌保护工作愈加体现"从严保护"和"活化利用"的保护理念。

可以看出，正是在基于不断完善的旧区改造相关政策框架下，旧改方式类型也不断丰富。除以征收形式为主的旧区改造外，上海还探索了多种形式的以非征收为主要特点的综合改造，包括针对里弄与多层老公房的成套改造、针对老旧小区民生改善的实事工程、针对历史文化街区的综合治理等（表 2.1）。这些实践的探索中既有成功的项目，也有遇到瓶颈未能顺利推进的项目，而这些实践中采用的改造方式更是体现了一些可以借鉴的优势以及当时面临的困境。

表 2.1　旧区改造相关政策及法规

类型	时间	相关政策	相关部门
城市更新	2011	《上海市国有土地上房屋征收与补偿实施细则》(市政府令第 71 号)	上海市人民政府
	2015	《上海市城市更新实施办法》(沪府发〔2015〕20 号)	上海市人民政府
	2015	《上海市城市更新规划土地实施细则（试行）》(沪规土资详〔2015〕620 号)	原上海市规划和国土资源管理局
	2016	《关于本市盘活存量工业用地的实施办法》(沪府办〔2016〕22 号)	上海市人民政府
	2017	《关于坚持留改拆并举深化城市有机更新　进一步改善市民群众居住条件的若干意见》(沪府发〔2017〕86 号)	上海市人民政府
	2017	《上海市城市更新规划土地实施细则》(沪规土资详〔2017〕693 号)	原上海市规划和国土资源管理局
	2018	《关于本市推进产业用地高质量利用的实施细则》(沪规土资地〔2018〕687 号)	原上海市规划和国土资源管理局
	2020	《关于加强容积率管理全面推进土地资源高质量利用的实施细则（2020 版）》(沪规划资源详〔2020〕148 号)	上海市规划和自然资源局
	2021	《上海市城市更新条例》	上海市人民代表大会常务委员会
	2021	《上海市城市更新指引》(沪规划资源规〔2022〕8 号)	上海市规划和自然资源局、上海市住房和城乡建设管理委员会、上海市经济和信息化发展研究中心、上海市商务委员会
	2023	《上海市城市更新行动方案（2023—2025 年）》(沪府办〔2023〕10 号)	上海市人民政府
	2023	《关于深化实施城市更新行动加快推动高质量发展的意见》	上海市委常委会
	2023	《关于建立"三师"联创工作机制推进城市高质量发展的指导意见》(沪规划资源风〔2023〕450 号)	上海市规划和自然资源局
旧住房改造	2014	《上海市旧住房拆除重建项目实施办法（试行）》	上海市房屋管理局、原上海市规划和国土资源管理局
	2015	《上海市旧住房综合改造管理办法》(沪府发〔2015〕3 号)	上海市人民政府

类型	时间	相关政策	相关部门
旧住房改造	2018	《上海市旧住房拆除重建项目实施管理办法》（沪房规范〔2018〕1号）	上海市房屋管理局、原上海市规划和国土资源管理局
	2020	《上海市旧住房综合改造管理办法》（沪房规范〔2020〕2号）	上海市房屋管理局、上海市规划和自然资源局
	2020	《上海市旧区改造范围内历史建筑分类保留保护技术导则（试行）》（沪建旧改〔2020〕588号）	上海市住房和城乡建设管理委员会
	2021	《关于加快推进本市旧住房更新改造工作的若干意见》（沪府办规〔2021〕2号）	上海市人民政府
	2022	《上海市旧住房拆除更新设计导则》（沪建房管联〔2022〕491号）	上海市住房和城乡建设管理委员会、上海市房屋管理局
	2023	《上海市旧住房成套改造和拆除重建实施管理办法（试行）》（沪房规范〔2023〕1号）	上海市住房和城乡建设管理委员会、上海市房屋管理局、上海市规划和自然资源局和上海市发展和改革委员会
历史风貌保护	2003	《上海市历史文化风貌区和优秀历史建筑保护条例》（2003年）	上海市人民代表大会常务委员会
	2014	《上海市文物保护条例》（自2014年10月1日起施行）	上海市人民代表大会常务委员会
	2017	《关于深化城市有机更新促进历史风貌保护工作的若干意见》（沪府发〔2017〕50号）	上海市人民政府
	2017	《上海市人民政府关于同意上海市历史文化风貌区范围扩大名单（第二批风貌保护街坊）的批复》（沪府〔2017〕85号）	上海市人民政府
	2018	《关于落实〈关于深化城市有机更新促进历史风貌保护工作的若干意见〉的规划土地管理实施细则》（沪规土资风〔2018〕380号）	原上海市规划和国土资源管理局
	2019	《上海市历史风貌区和优秀历史建筑保护条例》（2019修正）	上海市人民代表大会常务委员会
	2021	《关于落实〈关于深化城市有机更新促进历史风貌保护工作的若干意见〉的规划土地管理实施细则》（沪规划资源风〔2021〕176号）	上海市规划和自然资源局

2.1 旧住房改造的相关政策法规

在近几年的旧区改造的过程中，有一种方案也很受上海人的欢迎，即"拆落地"，也就是我们常听到的原拆原建，改造的对象主要是建筑结构差、安全标准低、无修缮价值的不成套职工住宅和小梁薄板等存在安全隐患的房屋。根据《上海市拆除重建改造设计导则》，按照"能改愿改则应改尽改"的原则，通过实施拆除重建改造，实现房屋安全隐患彻底消除、厨卫功能全面完善、配套设施综合提升。①

2020年，上海市房屋管理局、上海市规划和自然资源局出台了《上海市旧住房综合改造管理办法》，明确了旧区改造目实施的目的依据、适用范围、改造原则、改造内容、认定条件、计划立项、征询意见和委托改造、编制改造项目规划设计方案、规划审批、建设工程施工许可、建筑间距、建筑退让、高度控制、结构安全、厨卫基本条件、屋顶水箱、防火抗震要求、环境整治要求、调整安置、改造经费来源等内容。2018年出台《上海市旧住房拆除重建项目实施管理办法》是主要针对"拆落地"项目的管理办法，在规划技术规定方面对拆除重建项目有着更加严格的要求。该办法明确了拆除重建项目实施的目的依据、适用范围、改造原则、管理机构、认定条件、计划立项、方案编制、规划土地审批、居民意见征询、协议签订、规划技术规定、建筑设计规范、扶持政策、资金来源、租金调整及建设管理各项审批环节等内容。

---

① 上海市人民政府办公厅印发《关于加快推进本市旧住房更新改造工作的若干意见》的通知,上海市人民政府公报,2021(5): 9-14.

　　《上海市旧住房综合改造管理办法》由于同样适用于改扩建，因此对规划技术规定的要求略宽松。它要求在符合《上海市城市规划管理技术规定》的基础上，改造前不符合规定的，改造时不得再减小；此外，还有改造范围内建筑之间的建筑间距，按照规定中有关"浦西内环线以内地区的规定标准折减10%执行"等折减标准，使改造更容易推进。《上海市旧住房拆除重建项目实施管理办法》出台后，要求"拆除重建项目相关建筑间距、建筑退让等技术规定，应当符合《上海市城市规划管理技术规定》的相关技术规定标准"。根据实践经验，许多项目要满足该标准都有着很大难度，造成了一定的方案难题。

　　此外，针对建设标准，2021年印发的《关于加快推进本市旧住房更新改造工作的若干意见》指出，拆除重建项目中涉及地基基础、主体结构安全性和消防等方面的强制性标准，原则上按照现行住宅设计标准进行施工图审查，其他涉及套型设计、建筑功能及有关配套方面的标准，依据《上海市拆除重建改造设计导则》进行施工图审查。该文件还指出，成套项目改造方案应按照现行标准配建绿地面积和机动车停车位等，配建后的这些指标包括既有民防工程防护能力等在原则上不得低于原有水平。受建设条件限制无法按照标准配置的情况，应综合考虑居民实际需求、户型比例、户均面积及所处区域的现状缺口量合理配建。

　　为进一步深化城市有机更新，提升居民居住品质，改善群众居住条件，根据《上海市城市更新条例》《关于加快推进旧区改造、旧住房成套改造和"城中村"改造工作的实施意见》，2023年印发的《上海市旧住房成套改造和拆除重建实施管理办法（试行）》（沪房规范〔2023〕1号）则进一步明确了改造的适用范围、实施主体、意愿征询和签约比例要求、实施方案和协议内容，并对实施流程予以完善，增加了争议处理内容。该文件进一步加大规划土地支持力度，从而切实提升人民群众的获得感、幸福感和安全感。

2.2 城市更新的相关政策法规

2019 年中央经济工作会议强调了"城市更新"这一概念，并于 2021 年将"城市更新"首次写入当年政府工作报告和《中华人民共和国国民经济和社会发展第十四个五年规划和 2035 年远景目标纲要》之中，城市更新的重要性开始提升至国家战略层面。上海城市更新历经了 3 个阶段，其中：

第一阶段为 1978—2014 年，主要是政府主导下，以解决人民居住矛盾开展的住房改造为主，并关注历史建筑活化利用和成片地区整体更新并存。

第二阶段中，上海市政府 2014 年、2015 年出台《关于本市盘活存量工业用地的实施办法（试行）》《上海市城市更新实施办法》两个文件，探索自主更新，创设多种用地类型的存量自主更新路径，鼓励政府主导、企业运作；2017 年，上海市人民政府印发《关于坚持留改拆并举深化城市有机更新 进一步改善市民群众居住条件的若干意见》，指出旧区改造要坚持"留改拆"并举、以保留保护为主，标志着旧区改造由"拆改留"到"留改拆"的方向性转变，更加强调传承城市的历史、文化、内涵，多渠道多途径地改善市民居住条件，明确将各类不成套旧住房纳入"留改拆"工作范围。

第三阶段自 2021 年发布的《上海城市更新条例》开始，开启了上海城市更新新篇章，全面提升城市能级和整体空间品质，全面鼓励市场力量参与城市更新。《上海市城市更新规划土地实施细则》根据各类城市功能区提出了分类指导，其中，老旧住区应以构建 15 分钟社区生活圈为目标，促进城市功能混合，完善生产、生活的配套服务，提升社区空间的环境质量。该文件还指出，城市更新实施计划的编制要遵循协调地块相邻关系、尊重现有物业权利人合法权益的原则，在旧房改造时应系统安排跨项目的公共通道、连廊、绿化空间等公共要素，重点处理相互衔接关系；充分尊重现有地籍线，使控规与现有产权相协调。在进行用地边界调整时，要在保证公共要素的用地面积或建筑面积不减少的前提下，对规划各级公共服务设施、公共绿地和广场用地的位置进行调整。2023 年，上海市发布了《上海市城市更新行动方案（2023—2025 年）》，通过聚焦区域、分类梳理，重点开展"综合区域整体焕新行动、人居环境品质提升行动、公共空间设施优化行动、历史风貌魅力重塑行动、产业园区提质增效行动、商业商务活力再造行动"等城市更新六大行动，力争到 2025 年，健全完善适应高质量发展的城市更新体制机制和政策体系，有机更新理念深入人心，城市更新工作迈上新台阶，为建设具有世界影响力的社会主义现代化国际大都市奠定坚实基础。2023 年上海市委常委会审议通过的《关于深入实施更新行动加快推动高质量发展的意见》又让上海的城市更新工作开启新篇章，市规资局会同中心城区多个政府共同选取的 10 个重点更新单元，探索建立具有上海特色的"三师联创"机制，从而实现破解新时期新阶段上海城市更新中的关键堵点与难点。

2.3　历史风貌保护的相关政策法规

　　基于坚持文脉传承，保留保护与改善民生相结合的背景与"留改拆"的政策方向，在过去的几年上海推进旧住房成套更新改造过程中，开展里弄房屋内部整体改造是除"拆落地"与贴扩建以外的一种改造方式。《关于加快推进本市旧住房更新改造工作的若干意见》明确旧住房成套改造中涉及历史风貌保护的建筑应在保留空间肌理和整体风貌的前提下，按照《上海市历史风貌区和优秀历史建筑保护条例》的相关要求进行。通过局部加高、拆除复建、调整房屋内部平面布局、抽户等方式进行房屋内部整体改造，实现成套独用或每户均配备厨卫设施。

　　2019 年，上海市第十五届人民代表大会常务委员会第十四次会议《关于修改〈上海市历史文化风貌区和优秀历史建筑保护条例〉的决定》第三次修正中明确新建、扩建、改建建筑时，应当在高度、体量、色彩等方面与历史文化风貌相协调；在优秀历史建筑的周边建设控制范围内新建、扩建、改建建筑的，应当报市规划资源管理部门审批。

　　2021 年，根据十九大有关加强文化遗产保护传承的精神，进一步细化落实历史风貌保护相关规划土地管理配套政策，促进历史风貌保护和居民生活环境改善，制定了《关于落实〈关于深化城市有机更新促进历史风貌保护工作的若干意见〉的规划土地管理实施细则》，明确了指导思想和适用范围、工作机制和部门职责、历史风貌保护年度工作计划内容、风貌评估和实施方案、保护更新方式、规划和土地政策、土地全生命周期管理和评估考核、房屋产权登记等相关工作，将历史风貌保护与城市功能完善和空间环境品质提升有机结合，逐步改善居民生活环境。

2.4 近些年上海旧区改造方式的主要优势与挑战

旧区改造作为事关百姓福祉和城市长远发展的重要民生工程和民心工程，也是城市更新的重要组成部分。上海市政府坚持以人民为中心的发展思想，积极推进旧区改造，创新工作模式，不断增强人民群众获得感、幸福感、安全感。

上海旧区改造在"十三五"期间取得了突破性进展，中心城区共改造二级旧里以下房屋约281万平方米，超额完成原定240万平方米的约束性指标，旧区改造质量也显著提升。近年来，上海在当年10月份基本完成全年目标任务，全年新开旧区改造基地签约率均能在很短时间内达到99%以上。尤其是黄浦、静安、杨浦、虹口等是旧区改造任务比较艰巨的中心城区。近两年来，旧区改造步伐明显加快，成效显著，创造了各具特色的旧区改造模式，积累了显著的旧区改造经验。"十四五"期间，上海旧区改造已进入决战决胜阶段，将坚决完成成片二级以下旧里改造收尾工作，全力打响零星二级以下旧里攻坚战，2022年下半年，上海最后一个成片二级旧里以下房屋改造征收项目——建国东路68街坊及67街坊东块征收方案生效，标志着历经30年，中心城区成片二级旧里改造工作终于完成。

综合上海既有的旧区改造工作，可以梳理出现行的旧区改造方式主要分为"留""改""拆"三种形式。"留"即对涉及风貌要素或改造后无法达标的房屋整体改造，主要针对厨卫不成套的涉及风貌要素房屋、改造后使用面积达不到最低使用面积要求、房屋所在的具体部位妨碍增设厨卫空间排布、无法实现在改造范围内原地安置等情况；"改"主要针对确无条件实施拆除重建改造的不成套住宅，以贴扩建改造为主；"拆"主要针对建筑结构差、安全标准低、无修缮价值的存在安全隐患的房屋，以拆除重建改造为主。

2.4.1　上海旧区改造方式的主要优势

（1）大幅度提高居住环境品质

旧区改造（如拆除重建等方式）可以较好地处理经济平衡与规划标准、资源、环境等关系；引入先进的交通设计、社区景观设计，提升住区品质，减少成套改造与现行规划标准之间的矛盾与碰撞。此外，成套改造（贴扩建、建筑内部改造等）还可以融入绿色生态设计、环保设施设计等内容，提高建筑居住品质。通过对旧区修缮加固，使建筑有较长的延续时期，经得起时间的考验（图 2.1）。

图 2.1　更新后的曹杨一村（2022 年）

（2）增加了旧房改造的适宜房源

旧区改造中运用得比较多的是拆落地等技术方法，省去了适宜房源不足的困扰。一方面，重建、扩建或改造后的房型具有较强的针对性，周边配套设施普遍较为完善，符合回搬居民的需求；另一方面，抽户及公共空间改造等方式不会补偿过多的建筑面积，有利于市场机制下的公平原则（图2.2）。

图 2.2　更新后的静安区彭三小区（2021年）

（3）有利于保持原有社会关系网络

旧区改造不仅在物质层面上使城市发生了翻天覆地的变化，还使社会关系网络发生了深刻的变革。以往动迁的旧区改造方式将居民迁至距离中心城区较远的地方，让居民被迫离开有深厚感情的地方，不利于和谐亲密的邻里氛围的延续。而现在拆除重建等改造方式较好地保持了原有的社会关系网络，充分照顾到了居民的感情，有利于形成良好的社会氛围，同时也使城市的精神气质得以延续和发扬（图2.3、图2.4）。

图2.3　老邻居们聚在一起聊家常（2021年）

图2.4　许多居民相约在小区广场上锻炼身体（2021年）

2.4.2　上海旧区改造方式面临的主要挑战

（1）政策法规的不完善性

现阶段的上海已进入建设卓越的全球城市的新时代，对城市的高品质发展和居民的高质量生活都提出了更高的要求。不同时期应有不同的政策。近些年发布的关于旧区改造的《上海市城市更新条例》《关于加快推进本市旧区更新改造工作的若干意见》等文件虽然政策较为细化，但缺少十分完备的具体实施标准，实际项目中发生的很多问题仍无法找到相应的依据。例如，目前旧区改造项目的认定标准仍不明确（公房比例、非成套比例）；各部门在各环节的职权不够明确，部门交接时的节点流程不够明晰，导致项目推进缓慢。

（2）针对性技术标准的缺位

规划和建筑技术标准的限制，使旧区改造涉及的项目土地使用率难以有效提高。一方面，影响对房屋居住条件的提升空间；另一方面，影响项目资金平衡。具体内容如下：

规划技术标准方面。根据已有的实践经验，按照现行建筑间距、建筑退让、日照等标准，难以在现有地块中安排现状所需全部的成套住宅，而且这种困境十分普遍。在前期法定规划阶段，相关部门主要采取一事一议办法，但控制性详规局部调整等程序周期较长，规划、土地配套管理细则也不明确，有必要针对现行的旧区改造项目实际进行简化、优化和细化。

建筑技术标准方面。对住宅成套、完善公建等的新增建筑面积没有明确规范和标准，尤其对成套改造的标准仍不完善。在建筑设计及施工阶段，许多设计审查仍按现行的新建住宅设计标准对旧区改造图纸进行审查审核，造成改造图纸根本无法通过审核，卫生防疫、消防等方面也无法通过批准，成为改造工作中一道难以逾越的障碍。

（3）居民意见难以统一

在旧区改造实际工作中，为利于改造工作的顺利进行，减少复杂利益分配的矛盾，实施单位往往要求征得所有居民的同意，居民实现 100% 签约率才能进行，较容易出现个别居民出于只关注自身利益等原因而影响整个项目推进。

（4）现状房屋所有权复杂

出于历史原因，改造前的旧区更新项目往往涵盖了公房、售后公房（产权房）、私房等多种产权类型，且没有明确的划分界限，在改造过程中，由于用地有限，实际各类型房屋的户数也不完全与不动产登记时记录的户数吻合，将产权房与公房分开安置难度极大。而相关流程上，如果需要分开安置产权房与公房，还会涉及产权房的用地性质变更的问题，有时甚至需要经过收储再出让的流程。

旧区改造中通过拆除重建等方式在安置完原居民后，还有部分房屋增量，政府将采用回购方式用于各类保障性用房使用。但目前保障房的种类也有很多，如公租房、廉租房、共有产权房、动迁安置房、社会租赁房等，不同的保障房类型在土地操作模式上又是不同的。

（5）现状用地性质复杂，风貌保护要求高

有些旧区改造项目基地范围内涉及多块用地，可能会存在用地性质、土地出让年限等的不同，这将在土地的收储再出让过程中造成土地的并地整合极为困难。此外，同一地块也会存在地籍线与已批规划地块线不一致的情况，从建管层面，建筑退界是按照地籍线来控制的；从规划层面，建筑退界是按照控规线来管理的。这就需要增加控制性详细规划调整等程序，将地籍线与控规线调整为重合后再开展相关建筑设计，增加了项目时间成本。

此外，有些旧区改造项目涉及风貌保护要求，对整体肌理、建筑立面、建筑贴扩建、内部整体改造等都有较大限制，增加了设计和后续实施的难度（图 2.5、图 2.6）。

（6）资金来源单一，社会资本参与度较低

目前的旧区改造项目主要由政府出资，社会资本参与度较低。由于房屋改造产生的建筑增量，大多用于公益性设施，无法进行交易，将影响社会资本进入的积极性。同时，现行旧区改造的投入由于缺少平衡机制，后期管理投入也较高，存在不可持续性，且当前对改造后房屋是否能出售、出售后的房屋维修养护责任等未明确规定，可能进一步加剧政府财政负担。

在上海城市建设和发展过程中，一些居住环境差的老旧小区以及城中村等现象的存在，不仅直接影响人民群众生活质量，还影响城市的整体形象。旧区改造工作在国内外已有较多的理论及实践研究，作为城市更新的重要组成部分，让曾经的旧区"洼地"变身城市更新的"高地"，这是城市发展到一定时期的必然要求，也是满足人民群众对美好生活向往、实现"安居梦"的必经之路。

图 2.5 更新改造中的静安区 72 号、73 号街坊（2023 年）

注：在上海市"留改拆"的政策导向下，72、73 街坊的建筑方案及规划控制要求发生了转变，更加关注历史建筑的保留与改造利用，功能上也更加适宜与多元。

图 2.6　有待更新的静安区东斯文里地区（2023 年）

注：东斯文里地区的更新既要考虑抢救性保留石库门里弄等历史建筑因素，又要考虑在经济上的可操作性，研究已启动多年，目前已全面启动城市更新工作。

第三章

多措并举的
国内外旧区改造

3.1 国外旧区改造：精细化、人性化举措提升幸福感

梳理国外城市旧区改造的相关基本情况，其中，以奥地利、荷兰、德国、日本等国家较为具有典型性（表 3.1）。

表 3.1 国外旧房改造特点总结表

国家	住房制度	纳入改造标准	改造措施	改造主体	其他参与者	资金来源	居民安置方式
奥地利	以社会住宅为主	至今厕所还在楼道里的、没有卫生间的，没有暖气的、保暖性能差的房子等	维修改造	社区	政府、社区人才	政府拨款	
荷兰	社会住房约占三分之一		修建和更新社区服务设施，提高住房结构的多层次性和不同收入人群混合度，提供咨询、教育等服务，与护理机构合作	荷兰社会住房组织	居民、地方政府、社会团体及商业集团等	荷兰社会住房组织	
德国	集合住宅私有化程度低，租房人口比例大	根据房屋结构和内部设施损坏程度确定	完善装修，注重提高设施的现代化水平，在基础设施和环境上给予改善，分为公共部分改造、户内改造、立面改造	政府	产权人	政府购买产权或以贷款形式出资	
日本	以私宅为主，公共住宅约10%		改善住宅套内功能；增建电梯，改造套内单元布局；保留结构部分，改变楼层平面，无障碍设计；拓展停车区域、设置多功能广场、增设花园小径和人行通道	都市再生机构（urban renaissance agency, UR）及居民自治团体	专业团体、大学社团、NGO组织、建设商、政府	都市再生机构、回迁后的剩余土地通过土地出让吸引开发商投资建设	住户可自行安排暂时到其他地方居住；如果想住宅更新区域内经历更新过程，可获得补贴

3.1.1　奥地利维也纳旧住房改造

2022 年 6 月 22 日，英国经济学人智库（the economist intelligence unit，EIU）发布"2022 年全球最宜居城市"排行榜，位于其中的奥地利维也纳曾连续 10 年被联合国人居署评选为全球最宜居的城市，人口密度高、社区组织结构复杂、社区生活方式多样化是这里城市社区的显著特点。针对这些特点，维也纳一直致力于建设低价高质的社会住宅，维也纳的社会住宅是指由市政府或非营利性住房协会出租的政府补贴住房[①]。市政府每年要投资建设完成的保障性公寓占每年新建住宅总量的 80% ~ 90%，所有社会阶层都可以享有创新而环保的住宅，从第一次世界大战结束后就开始稳步而持续地发展起来，直到今天还在不断地更新中，积累了丰富的经验。

维也纳的城市发展及社会住宅建设，从 20 世纪初至今，经历了萌芽期、兴盛期、扩张期、改良期和综合创新期 5 个阶段。19 世纪下半叶，维也纳的人口出现激增，随后呈缓慢下降状态，而 20 世纪八九十年代之交超过 10 万的移民涌入维也纳，再次导致了城市人口激增，也引起了住房需求上涨、土地价格上涨、居住组团的社会阶级分化等问题。维也纳政府基于之前多年的多元化探索实践，在设计、资金等方面都实现了与时俱进、多样创新和全面可持续。

设计上开始重视房屋的建造质量，自 1995 年起，维也纳推出了开发商设计竞赛制度，要求大型的新建住宅项目都必须以开发商设计竞赛的形式开展，并通过竞赛评价准则来对建筑质量、经济性和生态品质提出要求。评委由建筑师，政府建设部门代表和生态、经济和住宅法等各领域的专家组成，极大地提升了维也纳新建社会住宅的创新设计。绿色环保、社会多元化融合、工业遗产更新、老龄

---

① 郭智超. 社会住宅的维也纳模式建设历程研究[J]. 住宅科技,2020,40(8): 57-62.

化住宅、年轻社区等各种主题社区兴起，如 1996 年建成的 Sargfabrik 住区是维也纳家喻户晓的工业更新住区项目，除了公寓，还有配备了幼儿园、会议室、咖啡馆、游泳池、澡堂等特色化的公共配套设施。

旧住房改造主体方面，全部由社区实施完成。一方面，在机构设置上，维也纳每个区都设置了社区管理部门，以保障有足够的人手处理包含社区危旧房改造等日常事务。另一方面，维也纳的社区中聚集了一批有专业知识的高学历人才，承担着城市危旧房改造和改善城市面貌的重任。如维也纳的发佛理腾社区，老旧房集中，其中不乏第一次世界大战前的陈年老宅，这些住房的翻新改造全部要由社区实施完成，同时还会通过对公共绿地、公园、儿童园地和道路等社区公共设施的改造来提升整体环境品质。

旧住房改造资金来源方面，则全部由维也纳市政府承担，每年根据预算拨款。政府对需要改造的旧房设定统一的标准。例如，没有独立卫生间，没有设置暖气或保暖性能差的房子等，都被视为必须改造的范围。一旦住房符合了这个标准，不管是公房还是私房，居民即可提出申请，申请获批，政府将出资对其进行维修，具体工作则由社区完成。例如，发佛理腾被划定为社区已经有 27 年的历史，从社区成立之日起"旧房改造"工程就启动了，直到现在改造还在继续。

3.1.2 荷兰鹿特丹老区旧房改造

荷兰鹿特丹老区是自 19 世纪发展而来的居住区，狭长的街道两旁布满了 19—20 世纪的低层自建住宅，并拥有世界各国的缩影：中国的唐人街、北非摩洛哥人的商店、土耳其人的饼店、印度和阿拉伯人的金银首饰店等。在 20 世纪 70 年代，由于缺乏统一的规划，由居民自发和几个建筑师一起进行的修复改造并未解决问题。直到2010年，由鹿特丹市政府领头，房屋合作社（Woonstad，非营利组织，为中低下工薪阶层提供租赁房）进行了更新改造工作，通过研究与分析，从建筑本身的更新、居民生活环境的改善、经济商业的发展、安全及社会服务质量的提高等方面对老城区进行更新改造。

改造主体方面，一方面，荷兰在城市发展方面是欧美各国中较为强调政府干预的国家，因此荷兰逐步形成了其独特的规划、住房与土地制度传统，而住房保障特别是社会住宅（即公有出租的保障性住房）发展一直是荷兰政府的政策重心之一。同时，由于填海造地，荷兰城市（特别是大城市）中大量土地为政府公有，这就保证了政府干预的可行性和有效性。另一方面，荷兰房屋合作社从1989年颁布《90年代住房政策白皮书》开始，逐步脱离政府，向自负盈亏的方向发展。自私有化以来，荷兰社会住房组织延续了非营利的性质，以为中低收入和特殊需要人群提供经济型住房为企业目标，除继续建设、管理和维护社会租赁房外，还小规模开发更接近市场价的高端出租房及价格实惠的商品房。此外，在具体的改造项目过程中，每片城市更新地区都成立独立的社区办公室。社区办公室的首要任务是组织制定本地区更新改造的详细规划，该规划作为社区与市政府之间的法律契约得以执行，约束区内所有建设行为，并作为拨款的依据。而维持社区办公室的日常运转的资金来源于政府提供的专项资金，包括在片区内租用办公和会议场所等。

改造方式及策略方面，为了确保历史街区中低收入居民的住房权利，主要策略之一就是土地与住房的公有化，即旧城更新与住房保障的有机结合。在《住房法》的框架下，鹿特丹市政府首先加强了对城市更新地区出租私有住宅的监管，同时宣布了大规模的政府旧房购置计划，完成购置之后，这些房屋交由住房协会改建或重建为公有出租的社会住宅，政府则继续保有土地所有权。原有租户获得租住改造后的社会住宅的优先权，房租通过与租户协商预先设定，以保证租金控制在居民可负担的水平。同时，由于采用了渐进式更新的方式，受房屋改建或重建影响的居民可选择迁居本街区已改造完成的社会住宅。如果要求继续租住原址房屋，政府会为居民提供附近的周转住房。

资金来源方面，大部分旧房改造项目往往没有直接的经济回报，或回报周期很长，因而单个项目也通过社会经济改善与振兴推进。荷兰制订的社会经济改善计划主要包括加强旧城更新中的社会经济"软件"建设，社会住房组织每年向这类项目注入大量资金，具体措施包括修建和更新学校、社区中心、护理中心、小区商店这样的社区服务设施，提高住房结构的多层次性和不同收入人群混合度，增设社区经理和管理员，为居民提供社会咨询、教育等服务，与护理机构合作等。这些举措不仅改善了社区的硬件设施，提高了社区服务水平，还带来了新的就业机会，确保了地方经济的持续繁荣与旧城历史街区的长久活力。社区建设类项目往往也是居民、地方政府、社会团体及商业集团多方参与合作的典范。

3.1.3　德国柏林旧城更新

在德国主要实行分权制的社会住房政策，其社会住房实际上是私人所有，由政府、住宅企业或住房协会经营管理。这种模式产生于第一次世界大战之后，当时德国政府为了快速解决住房问题选择了这种模式，之后一直延续下来。

从19世纪20年代开始，在住房权高于产权的住区理念下，柏林作为德国的首都和第一大城市，保障性住房占比较高。即便是私人出租房也对租户有严格的保护要求，如房东不可随便赶走租户。因此，居民不需要买房也能保证一辈子的居住权。另外，还建有大量的高品质城市住宅，如马蹄形住宅区（Hufeisensiedlung），著名的柏林西门子城（Siemensstadt）及汤姆叔叔的小屋（Onkel Toms Hütte）住宅区等，而这些住宅区现在已经作为文化遗产被保留下来，大多继续作为社会住房被人居住。

第二次世界大战后，城市更新在德国的城市重建和住房建设方面承担了十分重要的角色，成为促进经济发展和城市现代化建设的主要策略和途径。以柏林为代表的德国旧城更新过程中建立了完善的法律法规体系、支持公众参与的组织框架、严谨的资金供给系统和住房税制，尤其建成了关注建筑节能、适老化改造，以及针对低收入群体、外来移民聚集的社区。德国集合住宅私有率很低，很多集合住宅归属于住房建设公司，产权单一。因此，德国集合住宅改造在政府和企业的支持下得以有组织、有规划地顺利进行。

改造技术方面，德国政府始终重视对既有集合住宅的更新改造，德国在 20 世纪的房屋改造的过程中，尽可能保持原建筑风貌，通过在装修过程中采用隔音、节能的双层玻璃窗等现代化设施，改善基础设施和居住环境品质。20 世纪 70 年代德国住宅改造重点由拆除重建逐渐转移到改造再利用；20 世纪 80 年代后，进入"生态改造"时期，即政府根据房屋结构和内部设施损坏程度来确认哪些住宅需要维修或改造，确认好后由政府先买下房屋产权，或者与土地、房屋所有者签订合同，再由政府以贷款形式出资支持产权人进行改造；到20 世纪 90 年代，住宅改造项目占到了市场住宅建设量的 1/2，为规范改造活动，政府制定了相应的政策法规，并出台了一系列的优惠扶持政策给予支持。①

---

① 王文斌. 上海市旧区改造的对策研究——以虹口区为例[D].上海: 复旦大学，2013.

德国集合住宅改造涉及住宅建筑、周边环境、节能、基础设施等各个层面。

室外改造方面，一是加入太阳能光电系统、雨水收集系统等方式，并制定严格的垃圾分类标准，循环利用自然资源，减少能源消耗；二是集合住宅首层及以上的闲置住房置换为养老、社区服务等配套设施，提供丰富的就业机会；三是通过改造门厅、走道、楼梯等住宅公共区域，并结合艺术设计，营造温馨舒适的交流场所；四是通过是对住宅及其周边环境进行功能上的提升，改善居民的居住环境。

室内改造方面，一是通过节能保温改造、立面遮阳改造等方式减少热量消耗；二是采用钢质阳台、楼梯、电梯等适应性强便于调整的工厂预制构件，实现可持续的改造；三是改造主要集中于扩展可增进交往的起居室空间和阳台等。

改造资金方面，基于德国《基本法》，由政府提供城市更新公共资金。2008 年以来，每个接受联邦和州城市发展资金的城市可以设立"社区合作性基金"，这些基金直接用于小尺度型更新项目的开展。社区合作性基金大大提升了社会资本投入更新的积极性。

3.1.4　日本东京老旧小区更新

"团地"一词本义为"集团住宅地"，最早是日本住宅公团对集体住宅建设规划区域的简称，后通常指由日本政府指定法人机构统一建设管理的住宅区①。团地是日本在第二次世界大战后经济高速发展下的产物。20 世纪 60 年代，大量人口涌入城市，住宅需求激增，

---

① 张朝辉. 日本老旧住区综合更新的发展进程与实践思路研究[J]. 国际城市规划，2022,37（2）: 63-73.

于是日本住宅公团（即都市再生机构的前身）开始在东京、大阪等地的郊区开始新建住宅团地。这些团地是早期企业为了提供员工住宿而建的大规模集合式住宅，外观朴素，没有多余的装饰，且设备老旧，没有电梯，室内空间也多有采光与通风不良等问题。

在日本，老旧小区并无一个清晰的划分标准。目前，普遍把适用于 1981 年旧耐震基准上的社区看作老旧社区。2016 年，日本全国有 1 600 处此类老旧社区，而东京就是一个老旧小区较为集中的地区[①]。自 20 世纪 70 年代开始，这些老旧小区的发展就开始面临一系列挑战，如居住环境品质下降、公共空间和配套设施不足等问题日益凸显；老龄化、少子化现象严重导致住房空置、社会活力不足等。至 21 世纪初，老旧小区更新改造已经成为日本城市住宅发展的核心议题，并在过去数十年的探索中在改造方式、资金来源、改造主体等方面积累了丰富的经验。

改造模式上，团地再生以促进地域功能整合、完善老年人和儿童福利设施、引导多年龄段混合居住为目标，将区域内不同权属的居住区（公营住宅、公社住宅、都市再生机构住宅、民间公寓等）进行空间集约化，形成了"阶段性重建"和"多种再生方式并行"两种模式。

改造主体上，日本的住房再生项目主要由都市再生机构及居民自治团体进行组织操作。日本政府也鼓励民间资金介入住宅再生活动，鼓励创新性和多样性，许多日本大型企业和知名建筑师都活跃在这一领域。都市再生机构逐渐发展为介于政府与民间之间的独立行政法人，其最高主管及预算均由日本政府指派分配，但拥有独立

---

① 冉奥博,刘佳燕,沈一琛. 日本老旧小区更新经验与特色——东京都两个小区的案例借鉴[J]. 上海城市规划,2018(4): 8-14.

的人事权，营运商自负盈亏。其资本由中央政府和地方政府共同出资，在规划、执行效率或行政清廉度方面深受民众信赖。都市再生机构的主要工作是协调推动都市更新事业，积极引导民间企业的资金、技术、经验等投入都市更新。例如，东京的花田小区改造，主要依靠市场机制，政府和民间力量为辅，花田小区的土地和建筑物所有者即都市再生机构是整个项目的主要推动者，重点负责小区的更新设计、规划和建设。

改造方式上，日本的老旧小区更新主要包含4种方式：小区再生、存量活用、用途转换和让渡返还。其中，小区再生包含拆除整个小区的房屋再新建、部分拆除重建或部分改装、拆除部分房屋缩小小区规模；存量活用主要为改善和运营管理现有住宅空间，并部分引入居家养老服务；用途转换主要为置换小区功能；让渡返还主要为将土地所有权的小区返还给土地或者建筑物的所有者。[①]

具体的技术手段上，其主要的再生计划经历了功能提升计划、更新项目计划、全面的住宅区更新整备计划以及其他等4个方面，其中，其他主要针对多层住宅和公寓、楼梯井、外廊增建，解决无障碍问题，满足老年住户需要等。

以千叶地区为例，首先对一部分多层住宅，进行修葺加固、安装电梯等，改造成为适宜老年人居住的住宅。另一部分多层住宅进行推倒重建，建设高层住宅，用于原有团地居民回迁。剩下的土地面积则进行市场化操作，通过土地出让吸引开发商投资建设，并增加绿化面积，引入养老、医疗等服务机构。

具体的实施机制方面，一是引导多方参与，由政府主持召开协议会或成立城市建设委员会来协调多方诉求，参与者包括团地居

---

① 冉奥博，刘佳燕，沈一琛. 日本老旧小区更新经验与特色——东京都两个小区的案例借鉴[J]. 上海城市规划,2018(4): 8-14.

民、企业家、地权人、行政人员、建筑师、城市规划师等，多次讨论协商后达成一致，各方缔结协议。同时，利用空置房屋设置商业服务功能、邻里交流功能、幼儿活动室等，交由NPO（Non-profit Organization）法人、市民志愿者、社区自治会等社会组织负责运营，包括提供便民信息、举办趣味活动、支援老年人生活、进行步行道修复等微小的社区改造。这些公共活动空间被视为增强地域认同感、提高活力的重要场所，居民会拥有更加丰富多彩的生活。自2015年开始，东京都推行"生活居住支援确保事业"，分别在区、市、町、村设立援助点，由居住支援协议会委托社会福利法人（NPO法人等）运营。一方面，是居民生活支援，包括社区良好邻里关系的营造，组织社区交谈会，关爱老年人等；另一方面，是确保空置房屋的有效利用，由东京都提供补助金，包括人事费、建筑及设备改造费等。二是引导民间资本主导。团地再生事业逐渐由政府主导转向多方主体合作，共同确保再生项目顺利实施，推进PPP（Public Private Partnership）模式，积极引导加入PFI（Private Finance Initiative），鼓励民间私人融资活动参与团地再生的事业。

3.1.5 国外旧房改造经验启示

（1）精细化、人性化的技术措施

国外旧区改造表现出了精细化、人性化、内涵丰富等特点。精细化表现在住房的套内设施的设计及植物配置等；人性化表现在对无障碍设施的重视，以及对不同年龄段人群的考虑；除硬件条件的提升外，有些国家还把社区人群组成、便民服务等内容纳入旧房改造的考虑范围，赋予旧房改造以多维度的丰富内涵。

1）完善住宅的套内功能

国外的旧区改造十分重视提升完善住宅的套内功能。一方面，

对套内布局的改善，如增加卫生间、增加套型面积等；另一方面，完善套内设施，如增设高效厨房系统、厨房收纳空间、热水器等设施、新的电气系统、隔音设施等。此举不仅为居民提供一个完整的居住空间，还在其基础上提供了更加高效、节能、便捷的套内设施，注重提高设施的现代化水平，提高居民的生活质量。

2）加强房屋本身的修葺加固

住宅楼内改造主要为房屋本身的修葺加固，以及电梯、楼梯、走廊等楼内公共空间的改良、增设或重新布置。改造十分贴合实际居住人口的需求。例如，有些改造专门针对老年人，通过增设外廊、安装电梯、改善楼梯间入口、设置坡道等做法，解决无障碍问题，将房屋改造成为适宜老年人居住的住宅。

3）增加配套设施及公共空间

住区设施及环境改造主要表现在停车区域、室外公共空间、社区服务设施三个方面。通常的做法有拓展停车区域；增设多功能广场、儿童游戏场地、绿化等，并考虑植物配置；增设社区中心、护理中心、小区商店等社区服务设施。

4）提升住区人文氛围

有些国家的旧房改造不仅限于物质层面的改造，还包括多项增强社区活力与服务水平的措施。例如，提高住房结构的多层次性和不同收入的人群混合度；增设社区经理和管理员，为居民提供社会咨询、教育等服务；引入养老、医疗等服务机构，与护理机构合作等。这些措施不仅提高了社区服务水平，还带来了新的就业机会，并使旧房改造成为居民、地方政府、社会团体及商业集团多方参与合作的典范。

（2）引入民间力量推动公众参与

国外的社区自治团体在旧房改造中发挥了巨大的力量。例如，奥地利的旧房改造全部由社区进行具体的实施操作；日本积极推进"地域管理"事业，成立了诸多居民自治组织，例如居民委员会、NPO 组织、城市规划组织和各类协会团体等。一方面，相关专业人才在充分了解当地居民需求的基础上，为社区制订改造计划及方案；另一方面，居民自治组织与开发商形成更新力量组合，用来筹集资金。在改造过程中，政府充当协助支持的作用，并提供公共设施建设补助。

（3）以非营利机构作为改造主体

从国际经验来看，建立介于政府和私人部门之间的专门机构，参与公共住房的开发、建设、管理与改造，是解决公共住房难题的有效途径，在间接介入住宅市场化活动的同时，保证政府政策和计划的贯彻。例如，荷兰的社会住房组织、日本的都市再生机构，都经历了由政府部门建立，到逐步脱离政府，形成介于政府与民间之间的独立行政法人，自负盈亏的过程，仍保证了其非营利性。再如，新加坡设立半官方专门机构"建屋发展局"，负责统一投资和组建保障性住房。

在资金方面，这些非营利机构的资金来源主要为政府。例如，奥地利政府提供资助资金，以及优惠贷款，并且免税；新加坡政府提供 20 年长期贷款和财政补贴；等等。除此之外，这些机构也会通过一些市场化的手段进行资金平衡。例如，荷兰社会住房组织通过小规模开发高端出租房及平价商品房，补贴改造费用；日本都市再生机构通过土地区划整理的方式将剩余土地出让给开发商，通过市场化操作的方式筹集资金。

3.2 国内旧区改造：多元化存量更新实现提质增效

随着我国城市规划重点由增量规划逐渐转型为存量规划，目前国内一线大城市旧区改造的方式均逐渐从大拆大建转变为多元化的存量更新，其主要措施为提升居民生活品质的微改造与全面整治相结合（图 3.1）。

图 3.1　更新后的凌云 417 街坊（2022 年）

例如，广州主要采用的是微改造与全面整治相结合的方式，即在维持现状建设格局基本不变的前提下，通过建筑局部拆建、建筑物功能置换、保留修缮，以及整治改善、保护、活化、完善基础设施等办法实施的更新方式。此方式以政府为主导，通过对更新地块的城市设计研究方案或导则，形成管控要求，纳入法定规划控规体系中，通过对历史建筑的修旧如旧、保护性改造，更大程度地保留和活化利用历史建筑；同时，延续传统街巷肌理，增加公共活动空间，提升公共服务设施水平。

又如，2015 年后的北京随着城市发展战略转变为"疏解整治促提升"，其旧区改造主要采用的"菜单式"的整治措施，重点针对节能不足百分之五十、配套设施严重不足的旧住区进行改造。改造内容以增加电梯和停车位等配套设施为主要内容，根据居民意愿再增加多元化的选择。

这些改造方式都从原来的追求数量向提升质量转型，坚持文脉保护、有机更新和以人为本相结合，补齐了公共设施和基础设施的短板，打造了优质的公共活动空间，提升了区域的环境品质。

3.2.1　北京：核心区历史文化街区平房腾退和恢复性修建

北京是国务院首批公布的国家级历史文化名城，老城作为历史文化名城核心部分，是古都风貌的主要载体，是首都北京的"金名片"。为保护古都风貌，改善群众居住条件，北京按照老城"不能再拆了"的要求，处理好古都风貌保护与更新的关系、历史文化传承和群众生活改善的关系，于 2018 年 5 月 14 日出台了《关于加强直管公房管理的意见》（京政办发〔2018〕20 号），明确通过推动核心区历史文化街区平房腾退修建和强化直管公房管理两个方面来实现历史文化街区的保护与更新。

（1）核心区历史文化街区平房腾退修建

全面有序推进平房直管公房申请式腾退。即所有纳入核心历史文化街区的平房直管公房承租人，以自愿方式交回直管公房使用权，政府给予承租人货币补偿。承租人可以申请购买区政府提供的共有产权房或承租公租房。

对部分院落，通过平移置换实施整院腾退。此途径能立即实现整个院落的腾退，进而进行整个院落的修复。

对完成腾退的房屋，建立恢复性修建机制。经营管理单位应及时恢复胡同四合院原有布局，拆除违法建设，完善公共服务设施，改善居住环境。对符合相关要求的院落，经批准也可以适当利用地下空间。

当房屋腾退到一定比例后，即实施整体的恢复性修建。完成修建后，对其中不申请自愿退出的承租人，将参照市场租金标准确定公房租金。

（2）切实加强和规范直管公房管理

明确承租人不得擅自转租、转让、转借所租公房，承租人对租住的公房及设备负有保护责任，不得擅自拆改，并要求配合经营管理单位进行房屋加固、修缮和改造。经营管理单位通过承租人身份智能识别系统和日常巡查、举报核实等渠道进行监管，对不改正的，可依照合同解除租赁关系、收回房屋。在直管公房租金标准上，按综合房屋维护管理成本等因素进行确定，实行动态调整。对属于低保、低收入家庭的承租人可给予租金减免或补贴。

采用提起诉讼及申请人民法院强制执行的规定。经营管理单位、承租人任意一方不履行法律法规规定和租赁合同约定义务的，另一方可依法向人民法院提起诉讼，并依据生效法律文书申请人民法院强制执行。严禁直管公房使用权交易。

例如，位于北京传统中轴线北部东侧的南锣鼓巷地区，作为北京首批历史文化街区，与元大都同时期建设，文化资源丰富、历史底蕴深厚，鱼骨状的胡同街巷格局和四合院传统建筑形态构建了最具特色性的传统空间格局。而更新前的该地区存在人口密度高，文物资源丰富但破坏程度重，传统空间格局的房屋破损比例高，基础设施薄弱等问题。2015 年以来，北京市东城区以南锣鼓巷雨儿胡同为切入点，试点开展平房区直管公房"申请式腾退"和"申请式改善"工作，外迁改善一部分居民居住条件，留住居民生活同步提升（图 3.2）。

对于雨儿胡同中居民选择留住的院落，设计聚焦居住功能，以"共生院"理念为中心，对区域内腾空房进行统一规划。根据历史街区风貌保护要求，以及每户居民家中的不同空间特点和功能需求，针对"院落"这一基本单元，每一个院落每一户人家制订有针对性的设计方案。结合居民意见，对院落修缮、庭院绿化、厨卫浴设计等开展精细化设计，在确保满足老城保护要求的同时落实居民改善生活的需求。

针对雨儿胡同中居民申请腾退后的院落，优先植入公共服务和文化交往等功能，如胡同居民聚会用的"槐香客厅"，议事协商、调解邻里矛盾用的"议商暖阁"，居民轮流值班提供各种服务的"值年小站"，青少年家庭的共享空间"文馨书馆"，展现胡同修缮整治历程与成果的"琢玉学堂"等。在"共生院"里形成了居民共建共治共享的社区治理格局，为社区居民提供更加优质的社区公共生活体验，提升居民的社区认同感、归属感和凝聚力（图 3.3）。

2019 年 2 月，东城区委区政府组织搭建了雨儿胡同设计平台，并邀请 8 支业界优秀设计团队参与雨儿胡同 26 个院落的设计工作，多方参与配合，实现和而不同。2019 年底，雨儿胡同重点院落已基本完成施工。

图 3.2 改造后的雨儿胡同
（2024 年 3 月，摄影：赵紫薇）

图 3.3 改造后的雨儿胡同
（2024 年 3 月，摄影：赵紫薇）

3.2.2 广州："全面改造"和"微改造"

广州市以"绣花"功夫推进老旧小区改造，唤醒老城新活力。截至 2022 年 12 月初，全市累计完成改造 810 个老旧小区。累计改造老旧建筑 4 670.4 万平方米，"三线"整治 2 621.5 千米，增设无障碍通道 100.6 千米，完善消防设施 6.2 万个，累计新增社区绿地和公共空间 676 个，惠及 64.1 万户家庭、205.2 万居民。

在更新模式方面，广州主要分为"全面改造"和"微改造"两种方式。

"全面改造"是指以拆除重建为主的更新方式，主要适用于城市重点功能区以及对完善城市功能、提升产业结构、改善城市面貌有较大影响的城市更新项目。属历史文化名村、名城范围的，不适用全面改造。①

"微改造"是指在维持现状建设格局基本不变的前提下，通过建筑局部拆建、建筑物功能置换、保留修缮，以及整治改善、保护、活化、完善基础设施等办法实施的更新方式，主要适用于建成区中对城市整体格局影响不大，但现状用地功能与周边发展存在矛盾、用地效率低、人居环境差的地块。②

更新政策方面，一方面，广州对应提出"1＋N"的政策体系。"1"指纲领性文件，即《广州市老旧小区改造工作实施方案》（穗府办函〔2021〕33 号），"N"指的是联动工作机制、共同缔造参考指引、引入日常管养参考指引、既有建筑活化利用实施办法、整合利用存量公有房屋相关意见、引入社会资本试行办法等 N 个配套政策，实现

---

① 沈爽婷. 从"三旧"改造到城市更新的规划实施机制研究——以广州市为例[D]. 广州: 华南理工大学,2020.
② 同上。

了从无到有的突破、从有到全的跨越。另一方面，在用地政策上提出了多项创新措施，包括允许土地权属人优先申请自行改造，允许同一企业集团多宗地块按规定整体策划打包改造，调动村集体经济组织改造积极性，对历史集体经济物业，可按照收入不降低原则折算复建总量，允许自然村作为改造主体申请全面改造。

奖励政策方面，广州市政府通过制定政策措施来提高市场的积极性，如容积率奖励、协助贷款等。《广州市城市更新办法》中就提出"在传统商住混合的用地格局和现状商业氛围浓厚的临主街一线界面，允许有条件地变更建筑使用用途"，并明确"为地区提供公益性设施或者公共开敞空间的，在原有地块建筑总量的基础上，可获得奖励，适当增加经营性建筑面积"。

以广州永庆坊为例，它位于老广州的核心地带恩宁路，而恩宁路是广州市最长和最完整的骑楼老街。永庆坊紧邻恩宁路主街，背靠粤剧博物馆，街区内部有民国大宅、李小龙祖居和銮兴堂等历史建筑以及传统民居，是一个典型的广州市老城历史街区。随着岁月变迁，历经沧桑的街区逐渐破败，永庆坊成为了广州市危旧房集中的区域，这也成为老街坊们的揪心事。永庆坊作为广州市首个历史街区微改造更新项目被列入修复改造范围的包括永庆大街、永庆一巷、永庆二巷、至宝大街和至宝西一巷，总面积约为 0.78 公顷。

永庆坊微改造采取的是"政府主导，企业承办，居民参与"的更新改造模式。其中，政府——荔湾区政府，主要责任是开展招商引资，与开发商、原住居民进行沟通协商，主导项目推进；企业——万科集团，主要负责推动地区经济发展。

居民可以通过多种途径参与地区更新。例如，在满足相关规划要求的前提下，居民可自行改造住屋。又如，居民可通过出租获得收益。还如，可由政府征收房屋，居民获得资金与置换居住空间。

永庆坊微改造的主要内容包括方案设计、房屋修缮、立面整饰、街巷修整及业态转变等。在具体实践过程中，永庆坊微改造注重对街区肌理的维持。在保留了原有的街区总体格局前提下，通过布置特色商业、保留原有历史文化建筑并植入公共建筑及少量商业等微更新提升街区活力。

一方面，根据《永庆片区微改造建设导则》和《永庆片区微改造社区业态控制导则》等规划，政府将大部分原居住用地功能置换成为商业用地、商务用地及公共服务配套设施用地，导入以文化创意为主的新兴产业。另一方面，对街区内所有建筑逐一编号，评估后根据破损程度将每栋建筑分类，有针对性地制定改造方案。在基本不改变建筑外部形态的前提下，可通过打通内部墙体、使用玻璃结构间隔等方式，打造宽敞明亮的办公空间。

2019 年，永庆坊正式对公众开放。改造后的永庆坊内大部分建筑都保留了原有的立面样式，并对部分建筑的色彩、采光、防护等方面进行了修缮。例如，除了部分重点文物保护单位保留原配色，大部分建筑外立面被替换成与历史风貌相协调的灰色调。又如，部分商业建筑通过添置新型的外凸窗来满足采光需求（图 3.4 ~ 图 3.6）。

图 3.4　更新后的永庆坊（2021 年）

图 3.5　更新后的广州永庆坊（2022 年）

图 3.6　更新后的广州永庆坊（2022 年）

3.2.3　深圳：以"拆除重建"+"老旧小区改造"为主的老旧住区更新

短短四十几年间，深圳从一个渔村发展为中国特色社会主义先行示范区。在这个发展迅速、充满机遇的城市，一栋栋老房子因城市发展更新逐渐退出历史舞台，一座座高楼大厦拔地而起。《深圳市城市总体规划（2010—2020）》中也确定了城市发展由"增量扩张"向"存量挖潜"的转型。

（1）深圳市城市更新历程

深圳城市转型的发展过程中，大致可以分成以下 4 个阶段：

一是起步期（1980—1989 年）。深圳拉开城市建设的大幕后，原居民居住点在城市快速建设过程中被孤立成一个个"旧村"，"旧村"问题开始凸显。以 1989 年深圳的发源地罗湖区改造为典型事件为起点，拉开了深圳旧改的序幕。

二是探索期（1990—2003 年）。为有效地解决"旧村"问题，深圳市政府于 1991 年 5 月 24 日成立了旧村改造领导小组，负责全面统筹全市的"旧村"改造工作，同时探索改造政策。

三是发展期（2004—2008 年）。深圳出台了《城中村（旧村）改造暂行规定》，标志着深圳全面启动城市村落（旧村）改造工作开创了新局面。当时的更新对象以城中村为主，方式以拆除重建为主，后期探索旧城区、旧工业区的改造。

四是快速推进期（2009—2018 年）。以 2009 年 8 月 25 日广东省颁布的《关于推进"三旧"改造推进节约集约用地的若干意见》（粤府〔2009〕78 号）为标志，深圳城市更新进入了快速推进的阶段，同时形成了《深圳市城市更新办法》（深府〔2012〕1 号）及《深圳市城市更新办法实施细则》（深府〔2012〕1 号）等核心系统政策体系。

五是稳步推动期（2019 年至今）。深圳市规划和自然资源局于
2019 年 6 月 6 日颁布《关于深入推进城市更新工作促进城市高质量
发展的若干措施》。2020 年 12 月 30 日深圳市人大常委会颁布《深圳
经济特区城市更新条例》，该条例的公布彻底解决了钉子户的存在，
为后续城市更新拉开了新一番序幕。此阶段市场化程度较高，但仍
然不能缺少政府引导，改造方式以拆除重建和综合整治为主。

（2）深圳老旧住区的更新方式

现如今，深圳老旧住区的城市更新方式以拆除重建和综合整治
为主（表 3.2）。其中，综合整治类城市更新项目以消除安全隐患、改
善市容环境、完善现状功能为目的，一般由政府统筹推进，改造力
度最弱；拆除重建类城市更新项目引入社会资本参与建设，涉及多方
利益，改造力度最强，但审批较为严格。

表 3.2　深圳市城市更新两种模式

更新模式	条件	特点
拆除重建	1. 基础设施和公共服务设施需完善； 2. 环境条件恶劣或者存在重大安全隐患问题； 3. 现有土地用途、资源利用、建筑物使用明显不符合社会经济发展要求； 4. 依法或经政府批准的其他情形	1. 改变建筑功能和主体结构； 2. 可能改变土地性质； 3. 可能改变土地使用权的权利主体； 4. 严格根据城市更新年度计划、城市更新单元规划实施
综合整治	已纳入城市更新改造计划的综合整治类城市更新项目	1. 不改变建筑主体结构和使用功能； 2. 改善基础设施和公共服务设施； 3. 改善消防设施； 4. 改善沿街立面； 5. 整治环境和节能改造既有建筑

2023 年 7 月，深圳市住房和建设局发布了《深圳市城镇老旧小区改造建设技术指引（试行）》，改造范围主要为 2000 年底前建成的老旧小区，2005 年底前建成的老旧小区可结合实际情况纳入其中。改造方式是以保留改造提升为主，在依法依规且保持小区用地现状建设格局基本不变的前提下，通过局部拆建、加建、改建、翻建等方式进行。这些小区主要分为三类，即基础类、完善类、提升类。基础类主要是聚焦安全和基本生活需求的改造内容；完善类主要是在小区内为居民提供生活便利的改造内容；提升类主要是为丰富社区服务供给的改造内容。通过老旧小区的改造，在补足短板的同时又能适应城市建设高质量发展的需要，满足人民对美好生活的向往。

（3）深圳市鹿丹村旧改项目

作为深圳首个成功动迁的旧住宅改造项目——鹿丹村，位于深圳市罗湖区，占地面积 7.54 公顷，1989 年竣工。当初能入住鹿丹村的，大多为离退休干部、工程师、政府干部等，因此鹿丹村有了"名流村"之称。因海沙问题，建筑安全隐患突出，不得不进行改造。

2000 年，深圳市政府同意对鹿丹村住宅小区进行整体拆除重建。由政府主导，进行谈判、拆迁和重建等工作，采用"定地价、竞容积率"的土地出让方式定地价和回迁面积，向下竞争可售商品住房面积，压低容积率，谁的容积率越低谁就中标。此方式可谓开创了全国先河。根据《鹿丹村片区综合改造工程房屋拆迁补偿安置实施办法》的规定，对被拆迁房屋按照"拆一补一"的原则进行产权置换，并对房屋装修、搬迁、过渡期安置进行货币补偿。曾经破败的海沙危楼变成了拔地而起的高层住宅，鹿丹村也变成了鹿丹名苑。2018 年 1 月底，第一批原鹿丹村业主正式"回家"。

3.2.4　成都：从"要我改"到"我要改"

老旧小区是城市建设的"线装书"，承载着成都市市民的乡愁记忆，老旧院落改造是提升居民获得感和幸福感最直接的方式之一。自 2015 年以来，在大力推进保障性住房与棚户区改造的同时，成都市老旧院落改造既注重环境改善和风貌保护，更注重设施完善和功能提升，实现全面焕新。

2020 年发布的《成都市城市有机更新实施办法》（成办发〔2020〕）中就提出要"加大老旧小区宜居改造，促进建筑活化利用和人居环境改善提升"。2021 年初，成都开展了全市老旧院落改造项目调查摸底、台账建立、资金测算等工作。此后，成规模的旧改项目开始在成都涌现，在 2022 年达到高潮。2021 年 11 月，成都市入选全国第一批城市更新试点城市，老旧院落改造是城市更新行动的主要内容之一。2022 年 2 月，《成都市城镇老旧院落改造"十四五"实施方案》中明确了"十四五"期间改造对象原则上为"城市或县城（城关镇）范围内 2004 年年底前建成且存在安全隐患、失养失修失管、市政配套设施不完善、社区服务设施不健全、基本居住功能缺失、居民改造意愿强烈的住宅院落"。2023 年 7 月发布的《成都市城市更新建设规划（2022—2025 年）》（征求意见稿）中更是明确了与居住相关的更新对象主要为"老旧小区（院落）"和"城中村"。坚持问需于民、问计于民、问效于民，更有效地疏通群众身边的堵点、消除群众面临的痛点、解决群众实际的难点，一直是成都老旧院落改造工作的重中之重。

（1）成都老旧院落改造特征

随着时代发展变化和城市更新建设，成都老旧小区（院落）也实现"华丽转身"，焕然一新的场景，肉眼可见的变化，让居民幸福感"原地升级"。总结来看，成都老旧院落改造具有以下特征：

一是加强政府引导，增加社区居民参与度。改造之初，将成立业委会或院落居民自治组织作为启动改造的前置条件，并采取入户调查及代表成都特色的居民沟通方式——开坝坝会等形式，真实高效地收集居民诉求，让居民在改造活动中从"旁观者"到"参与者"，并通过表决后才启动改造。在工作开展过程中，政府会组织、带领未改造院落的居民参观已改造的住区，让居民切身感受老旧小区改造带来的环境品质提升变化；此外，政府还会在各个城区重点打造体现区域特色文化的老旧院落，提升社区凝聚力和居民认同感。

二是引导改造资金来源多样化。成都模式改造资金的绝大部分来源于财政资金，以上级政策资金为引导，推动地方财政加强配套资金保障。与此同时，积极吸引社会力量出资参与改造，通过引导居民出资，提升居民参与改造的深度、广度和有效性。

三是建管并重，推动物业全覆盖。老旧小区规模小、收费低、缴费率不高，物业企业入驻后一般会面临"入不敷出"的困境。对此，通过市政服务与物业服务相结合，成片引入物业服务、街区共享物业服务、信托制服务等方式引入物业服务，帮助更多的群众享受到专业、规范的服务。

（2）成都市武侯区玉林西路片区玉芳苑改造

以 2021 年完成改造的成都市武侯区玉林西路片区玉芳苑为例。该片区建成于 1993 年左右，共 6 栋建筑，改造前涉及电缆厂宿舍、民主党派宿舍、拆迁院落住户。改造后，原来 6 个老旧院落和一条巷子共同组成了玉芳苑小区。

改造前，玉芳苑建筑建成年代久远，外墙风貌污损斑驳，雨棚护栏等设施生锈杂乱甚至破损；公共空间使用效率较低，机动车停放堵塞通道；管理无序，缺乏快递、安防、停车充电等与居民生活密切相关的功能。

针对这些问题，一方面，通过微更新的方式，重新布局院落平面，增加停车位，在最大程度保留原有小区景观前提下予以更新，对蜘蛛网一样的电线、燃气管道、污水管道、照明设施、非机动车棚等都进行了更新，解决了安全隐患；另一方面，重点关爱老年人，通过设立"坝坝"茶铺等休息和聊天场所，让老年人走出家门，畅聊家长里短，并引进三方组织，建立日间照料中心，解决老人吃饭难题。

3.2.5　上海：从"拆改留"到"留改拆"

旧区改造是城市社会经济发展过程中必然的产物，其模式也伴随着城市发展的脚步而逐渐演进。上海自 2000 年以来着力加大旧区改造力度和进度，创新工作方式方法，切实改善旧区内困难群众的居住条件，成效显著，创造了各具特色的旧改模式，积累了显著的旧改经验（图 3.7）。

图 3.7　上海衡山路复兴路历史文化风貌区（2022 年）

2022 年 7 月，黄浦区打浦桥街道建国东路 68 号街坊、67 街坊东块通过二轮征询，宣告历经 30 年的上海成片二级旧里以下房屋改造全面完成（图 3.8）。此后，上海旧区改造将加快推进"两旧一村"改造（零星地块旧区改造、旧住房成套改造和"城中村"改造）的工作进程。

图 3.8　黄浦区打浦桥街道建国东路 68 街坊、67 街坊东块现状情况（2022 年 12 月）

（1）改造理念：从"拆改留、以拆为主"走向"留改拆、以留为主"

从"拆改留、以拆为主"走向"留改拆、以留为主"，这是上海旧区改造理念的一次重大转型。它不仅统筹兼顾了旧区改造和历史风貌保护的要求，更加注重上海城市建设和发展整体以及提升城市的内在品质和文化软实力。

早在 2010 年《上海旧区改造"十二五"规划》时，上海对旧区改造的主要方针是"拆改留"，并明确指出本市旧区改造的重点是以拆除二级旧里以下房屋为主。但在《上海市住房发展"十三五"规划》中，针对过去"拆改留、以拆为主"的传统旧改方针，提出了"用城市更新理念推进旧区改造"的新理念，即提出"留、改、拆并举，以保留保护为主"的新原则，要求全市旧改工作要转变旧区改造方式，用城市更新理念，多元化、多渠道推进旧区改造。对旧区改造地块范围内的文物建筑及有保留价值的历史建筑，按照保护要求和地块规划，在房屋征收后不拆除，严格予以保护，开始更加注重改造中的保留与保护。在确保城市风貌保护的前提下，继续加大中心城区成片和零星二级旧里以下房屋改造，积极探索一级旧里及以上住房改造。

2017 年 12 月 26 日，静安区北站新城作为全市"留、改、拆并举，以留为主"旧改新政的首个试点项目正式生效。在二轮征询首日，其签约率以 99.58% 的高比例生效，创造了中心城区大型旧改地块中的新速度。2019 年，静安区张家花园地区作为南京西路风貌保护区的核心区域，是上海现存最大的、拥有中晚期石库门种类最为齐全的建筑资源，通过"征而不拆，人走房留"的保护性征收方式，在修旧如旧的原则下，逐渐恢复其历史风貌和街坊肌理。

（2）改造模式：创新采用"政企合作、市区联手、以区为主"的旧改新模式

旧区改造是一项涉及主体多、资金需求量大、周期长的系统工程，单靠政府的财政投入力量，或是主要依赖辖区政府的力量，难以实现对旧区改造工作的统筹规划和整体推进。因此，积极探索旧区改造的多元主体参与机制，是超大城市旧区改造的必然选择。

在"十三五"之前，上海的旧区改造主要实行的是以政府为主、以区为主的改造模式，一些地块存在面临着成本收益的倒挂现象，一般开发商不愿参与改造，致使旧区改造更成为"硬骨头"，难以满足民众对居住条件改善和美好生活的向往。从 2019 年开始，市政府更加注重旧区改造的顶层设计，改变以往全部以政府财政资金为主导的方式，制定了"政企合作、市区联手、以区为主"的政策，开始积极寻求市场伙伴，引入市属或区属国企进行市场化融资，探索建立功能性国有企业参与旧区改造的新模式，首创形成了"政企合作、市区联手、以区为主"的旧改新模式，在全市层面统筹推进旧区改造工作。

如自 2019 年至 2022 年，上海地产集团与中心城区黄浦、虹口、杨浦、静安等区合作，相继成立了 5 个区级城市更新平台公司，全面探索和推动全市"政企合作"的旧区改造新路径新模式，以加快中心城区二级旧里以下房屋改造，尽快改善市民群众居住条件，开展历史风貌区和历史建筑保留保护，实现城市有机更新。

（3）平台搭建：率先成立全市统一的旧区改造功能性平台——城市更新中心

自 2019 年上海成立城市更新与旧区改造工作小组以来，在全市范围内开始积极推进"市区联手、政企合作"改造新模式的试点工作，效果显著。在此基础上，2020 年 7 月 13 日，以上海地产集团城市更新公司为主，设立了全市统一的旧区改造功能性平台——上海市城市更新中心，主要发挥政府与市场资源的嫁接者、城市功能的整合者、城市规划的融合者角色的作用。其从融资、规划设计、征收补偿、招商引资等方面，按照"综合平衡、动态平衡、长期平衡"的原则，坚持整体开发理念，统筹地块空间资源、资金平衡、功能业态、公共服务、风貌保护、建筑形态等，全过程、全流程负责推进全市旧区改造、旧住房改造、城中村改造及其他城市更新项目的实施。这是上海将旧区改造和城市更新有机结合，全面破解旧改资金难题，深度推动政企合作，加快城市旧区改造步伐的一次全新体制机制改革，必将为未来的旧区改造和城市更新注入新的动力和活力，推进城市高品质发展。

第四章

社会文化视野下的
上海旧区改造

上海，唐天宝十年（751）属华亭县（今松江区）。到后来元朝中央政府于 1292 年设立上海县，标志着上海建城之始。随着城市的发展，江南的吴越传统文化与各地移民带入的多样文化在上海融合，形成了特有的海派文化。

1986 年，国务院批准上海市为全国第二批国家历史文化名城。2005 年至今，上海先后共有 10 个古镇被列为中国历史文化名镇，两个古村被列为国家历史文化名村。不可移动文物、历史建筑的数量不断增多。历史风貌区保护范围逐步扩大，保护类型日益丰富。这些丰富多样的城市肌理和历史风貌文化资源，是这座城市最为宝贵的一份"家当"。而如今，这份亟待保留保护的"家当"，又与推进旧改、改善民生高度叠合。

上海自开埠以来，不同建筑风格的住宅林立，形成了多种住宅形式。其中，既有代表"海派文化"的里弄街区，也有"计划经济"时期建设的工人新村，还有 1980 年全国试行住房商品化的住房改革后兴建的售后公房住区。随着旧区更新的大规模展开，这些住区被陆续纳入改造范畴。

上海启动大规模旧改已有 30 余年，这 30 余年间，从 1992 年"365"危棚简屋改造，到 2000 年"新一轮旧区改造"，再到 2019 年"5 年内基本完成手拎马桶家庭房屋改造"，直至如今的"两旧一村"改造任务，上海中心城区的旧区改造不断结合新时代要求调整改造重心。2023 年，为践行"人民城市"重要理念，上海全面推进"15 分钟社区生活圈"行动，从规划到行动，把"蓝图"变为"实景图"。社区生活圈是城市进入精细化发展阶段的重要标志，也成为各个城市回应市民对美好生活向往的一项有力举措，旧区改造和 15 分钟社区生活圈出现了一个又一个的交叉点和结合点。在新时期背景下，旧区改造不仅是一个物质空间环境改善的问题，还是社区结构重组、社会文化再造的一个过程。

4.1 里弄街区更新改造：风貌保护与文化传承

上海里弄，上海人民也称为弄堂，是集聚了海派文化特征的居住空间，一砖一瓦间孕育了诸多"最上海"的人文故事，见证了上海市井的烟火气息。弄堂里装载着无数人的童年，也有无数人的梦想在这里启程。现在的许多上海人就算没有自己住过，也会有住过弄堂的长辈。上海人从小耳濡目染，在潜移默化中对里弄形成了深厚的情结。

上海里弄多为石库门里弄、新式里弄、花园里弄和公寓里弄，既具有遗产属性，又存在突出的居住问题：人口密度过高、老龄化严重、外来人口多、居住空间拥挤，复杂的矛盾使保护与更新困难重重。

4.1.1 黄浦区承兴里：黄浦区第一个"留改"项目

在上海，不能拆的历史风貌保护街坊总量不小，改造修缮面临重重困难，位于黄河路253、281弄的黄浦区南京东路街道承兴里就是这样的"老大难"。其为上海市历史风貌保护街坊的成片保护街坊，内有多幢建于20世纪30年代的砖木结构的新旧里弄式石库门建筑。改造前小区内现状整体肌理完整有序，外表看起来颇有旧上海风情，可走近一看，墙体酥烂，房梁被白蚁钻空，光线昏暗，厨房挤在过道上，居民们还在"拎马桶"，居民过着"做饭难、如厕难、入浴难"的日子，居民改造意愿强烈。

然而，这里却是当年上海弄堂运动会的发源地。上海最早的弄堂运动会就是在承兴里的主弄堂里举办的：红色地砖铺成的"造房子"、接力跑道、保龄球球道……从 1988 年第一届弄堂运动会开始，已经热热闹闹举办了 31 届，并延续至今。比赛项目全部是上海弄堂里的本土游戏：飞香烟壳子、弹皮弓、挑棒头、滚圈子、抽陀子等（图 4.1）。每年运动会召开时，就会将原本不宽的弄堂挤得水泄不通，甚至还会吸引社区外籍人士和外国留学生前来参加，热闹非凡，不仅能唤起居民们的儿时美好记忆，还能让全民健身活动成为社区最亮丽的一道风景线。而承兴里附近的上海九子公园的名字，正是得名于弄堂运动会上发展出来的"九子大赛"。

结合上海天地图历史营销资料，黄浦区承兴里自 20 世纪 30 年代建成至今整体里弄肌理保持较为完整，主要为由新里、旧里及沿街建筑形成围合型的特色空间（图 4.2）。

图 4.1 承兴里石库门弄堂国际运动会[1]

---

① 倾听 | 烟火气满满！百年历史"承兴里"，上海黄浦。

在城市更新的大背景下，黄浦区积极探索全新留改模式，在保留石库门风貌元素基础上，开展"留房留人"的有益尝试，2017年，承兴里作为探索石库门"留改"模式试点，开始启动修缮工程，首批两幢新里、一幢旧里开启保留历史风貌性大修，261户公房、6 798平方米在设计师的"全能改造"下，迎来新生（图4.3）。

图 4.2 黄浦区承兴里历史变迁对比

图 4.3 更新后的黄浦区承兴里（2022 年）

为了解决因历史原因造成的现状居住密度高、历史搭建多、公共面积小等问题，承兴里城市更新项目创造性地采取抽户办法，对42户居民，5户单位进行抽户，以降低居住密度和建筑使用强度，所释放出的面积给留下的每户居民增加独用厨卫，调整内部布局，改善建筑楼道等公共空间。该项目在保留石库门风貌元素基础上，按"保基本、保安全、紧凑型"原则，实施房屋综合修缮，为每户居民增设3.4平方米独用厨卫设施，满足了居民的基本生活需求，有效改善了居民居住环境和生活水平，切实提升了老百姓的获得感、幸福感、安全感。2020年7月，项目全面竣工并完成全部居民回搬工作（图4.4）。2022年，承兴里城市更新项目正式入选"2021年度中国城市更新和既有建筑改造优秀案例"。

图 4.4　更新后的黄浦区承兴里（2022 年）

4.1.2　黄浦区聚奎新村：2016 年黄浦区老城厢第一个 "补短板" 项目

聚奎新村所在的上海市老城厢历史文化风貌区，是上海中心城内整体性最好、规模最大的一处以上海传统地域文化为风貌特色的历史文化风貌区，同时也是民生改善诉求最为迫切的区域，旧改与风貌保护在空间上高度叠合。经过改造，这里已经有了很大转变（图 4.5）。

聚奎新村建造于 20 世纪 60 年代，产权性质为直管公房，原住房为 3 层的砖混预制小梁薄板结构房屋，房屋类型为旧里，缺少独立的厨房和卫生设施。小区内居住了 309 户居民，85% 的住户存在各类违法搭建的行为，其中最典型的就是几乎家家户户窗外都挂着"吊脚楼"，即通过两根拳头粗的钢管贴着墙壁支撑，在上面"长"出一排小房子，这同时也将原有的建筑间距挤得只剩下 1~2 米，地块内建筑密度已达到近 80%。而由于加建，原来 3 层的房屋也被加建到了 6 层，让原来的房屋结构远远超出本来能承担的荷载，房屋结构早已老化损坏（图 4.6）。在这里，一家四口挤在 20 平方米不到的房子里是最常见不过的现象，冬冷夏热，房屋漏水，外墙甚至一摸就掉墙皮，更不用说居民们饱受没有独立厨卫的痛苦。2014 年，聚奎新村被上海市相关主管部门鉴定为"存在重大安全隐患的危房"。

2005 年底，《老城厢历史文化风貌区保护规划》获批，立足于控制性详细规划层面，明确了该风貌区历史文化风貌保护的规划控制要求。在该规划中，聚奎新村位于历史文化风貌区建设控制范围内，其所在的地块内建筑高度控制为 12 米，未含需要保护保留的历史建筑控制要求。

2015 年 8 月起，黄浦区在上海中心城区率先拉开了"五违四必"生态环境综合治理的序幕，在问题最集中、情况最复杂、群众反映最强烈的老城厢地区实施了"拆违章、整秩序、治脏乱、提品质、惠民生"的环境综合治理的攻坚战。2016 年 7 月 27 日，中共黄浦区委下发《关于加强城区规划建设管理重塑老城厢的实施意见》，明确了老城厢环境治理的目标任务、基本原则和主要举措，制定了重点区域综合治理的整体规划，提出对于老城厢里的居民违建，不能简单地采用一刀切的方式直接拆除，而是应该采取"治顽症"和"惠民生"相结合的思路，将居民因生活所需搭建的厨房间、卫生间等"腾挪"

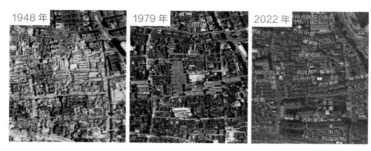

图 4.5　黄浦区聚奎新村历史变迁对比

图 4.6　聚奎新村违章搭建的"吊脚楼"[1]

---

[1] 亮亮"成绩单"，黄浦精细化管理见深度更见温度！上海黄浦。

到室内，拆违的同时改善居民生活质量，重塑老城厢的有序美观。

作为 2016 年黄浦区老城厢"补短板"的第一个项目，聚奎新村改造在 2017 年初全部完工，2017 年居民全部回迁完成（图 4.7）。

聚奎新村采取了"人员撤离、拆违解危、加固修缮"的改造流程，让 10 幢楼、309 户居民、上千人，集体搬出临时过渡。具体改造措施主要包含 3 种方式：

（1）拆除违建

将原居民违章搭建的部分拆除，恢复至原有的 3 层住宅风貌，延续原有的历史肌理和城市记忆。同时，为了实现新时代人民美好生活需求，让居民们住得更舒适和更有品质，将原来 2 米不到的层高调整为 2.4 ～ 2.5 米，让居民们搬回时拥有一个宽敞明亮的家。

（2）结构修缮加固

原有的横墙承重体系不变，保留的墙体在强度上进行了补强处理；原南面半砖墙位置设置了抗震构造柱，承重横墙下的原条形基础也进行了加固；原楼层的小梁薄板拆除，改为现浇混凝土楼板。

（3）完善配套设施

配套实施房屋修缮、厨卫工程、水电管线改造、小区绿化补种

图 4.7　更新前后的聚奎新村

等工程，解决居民长期以来的急难愁盼问题。具体而言，每户居民家中都有了独立的厨卫设施；住区公共空间中，将原有楼梯间改为直跑楼梯，在提升建筑平面利用率的同时更加保障房屋安全。

在改造过渡期间，由政府给予居民经济补贴，签署同意暂时搬离《确认书》。工作启动后，黄浦区房管局立即行动，通过有关部门获得了近百套合适的房源信息，再通过正规中介公司反馈给聚奎新村居民，房源分布在静安、虹口、杨浦和浦东等区。周边街道工作人员则通过排摸方式又从附近居民区获得40多套房源信息，提供给聚奎新村居民参考，房租为每月3 500～5 000元，不超过区政府提供给聚奎新村居民的过渡期每月的补贴款。

此外，黄浦区还建立了"街道牵头指挥，城管主攻，职能部门配合，法律支撑"的运作模式，坚持"拆违先行，先拆后修，先拆后建，拆违与消除安全隐患同步，拆违与服务民生同步"。本着"旧而不脏，老而不破，小而不乱"的宗旨，进行了房屋修缮、厨卫工程、水电管线改造、小区绿化补种等工程，解决居民的核心问题。同时，重视居民诉求，并根据实际条件，创造条件，有针对性地为每户人家改善居住环境。聚奎新村改造后厨卫设施均齐备，与过去的面貌截然不同。

2017年春节期间，居民们全部搬回了加固后的家，厨卫设施齐全，小区环境焕然一新，居民们终于告别老旧危房，拥有了整洁干净、温暖安全的家。

4.1.3　静安区张家花园地区：上海市中心城区首个"留改拆"城市更新试点

位于静安区南京西路街道的张家花园，被认为是上海石库门建筑群中规模最大、保存最完整的代表。其所在的上海市南京西路历史文化风貌区，以风格多样，富有特色的公共建筑和居住建筑为风貌特征，是具有标志性和独特性的公共活动中心。历史上，张家花园曾是上海三大私家园林之一，后作为公共开放式园林、城市公共活动中心，逐步发展为以旧式里弄为主的里弄社区。其现存的城市肌理、石库门空间格局保存完好，整体价值较高，在上海建设文化大都市过程中具有独特的历史风貌价值和地位，也是当前上海成片风貌保护魅力计划的重要组成部分（图 4.8）。

随着城市发展，张家花园地区从原先一家一户开始出现多户居住的情况。在保护性征收前，约 280 户在此生活的居民家中无独立卫生间。建筑内部空间被居民随意分割并超负荷使用，木柱腐朽、虫害等因素造成建筑老化残损，历史建筑被破坏的情况日益加剧。公共空间及主要巷弄被非机动车所占用，形成了消极居住空间，有些家庭甚至无法腾挪出 1 平方米空间用于微型独立卫生间的改造，居民要求改善居住条件的意愿愈加强烈。

自 2015 年起，立足整体风貌保护、城市文脉延续，张家花园地区开展了多轮更新规划研究。面向实施的控规调整于 2019 年启动，地区的旧改征收工作也于 2019 年生效。相关控规调整于 2020 年全面完成并获市政府批复，保障了张家花园地区的保护性开发工作的落实性（图 4.9）。

图 4.8 静安区张家花园地区历史变迁对比

　　为改善居民生活品质，延续城市文脉，对张家花园地区采用"征而不拆"的改造方式，完整保存街坊肌理和里弄肌理。征收完成后，按规划要求对历史建筑实施保护保留改造及再利用的做法。2019 年 1 月，张家花园地区旧改征收生效，将保留张家花园地区地块内几乎全部历史建筑，对其进行修旧如故的保护改造，正式启动"人走房留"的新模式。

图 4.9　更新前的张家花园地区（2018 年）

一是延续城市文脉方面，张家花园地区将历史建筑较为集中、空间格局保存完好、风貌特征明显的区域，明确作为肌理保护范围成片保护，该范围内各类建设活动应强调空间肌理、街巷格局、建筑尺度的保护和传承。规划阶段就将历史建筑精细化保护方式等专项研究前置，对张家花园地区的历史建筑进行修缮、改造再利用，将历史建筑的分类控制要求更新为"优秀历史建筑""文物保护点""规划保留"及"落架复建"等四类具体的保护更新方式。

二是确保公共要素方面，结合地区原有历史风貌肌理和资源条件，将张家花园地区内泰兴路路段由规划市政道路恢复为以慢行为主的主弄；由主弄、支巷和毛细路网构成的巷弄空间，连通张家花园地区慢行网络，新旧交融、活力开放。结合历史建筑、地铁出入口等布局多个小型公共空间，增加公共开放空间的公共性、可达性、便利性。通过开展公共服务设施的规划实施评估，着重为区域内与市民密切相关的文化、体育等公共服务设施预留空间，促进提升地区公共服务水平。

三是地下整体开发方面，在遵循保护与建设结合等原则的前提下，对张家花园地区地下空间进行整体开发。结合对每幢历史建筑的实施技术研究，明确地下空间分区实施方案，从而实现法定图则中地下空间建设范围的合理划定。

四是保障实施衔接方面，在满足三线换乘公共活动的要求下，强制性管控地下公共通道宽度，为居民提供便捷的地下步行联系；引导性管控地下空间功能、垂直交通、采光等要素，为后续建设实施方案落地留有弹性。

根据张家花园保护性开发工作推进的需要，自2017年起，规划集合了十几家专业团队共同协作，除地下空间专项研究外，还陆续开展了包含保护更新发展策略、地块功能定位、区域交通、新建建筑等诸多专项研究，避免在规划编制阶段衔接不充分导致后续各专项成果出现颠覆性调整。同时，结合专项研究，统筹涉及的专题研究内容，结合规划评估结论转化为控规附加图则中的管控要素，确保指导地区高质量发展（表 4.1）。

表 4.1　多专业团队协作精细化研究

序号	专业团队	研究内容
1	华建集团华东建筑设计研究院有限公司规划建筑设计院	规划评估、控规调整、规划协调
2	英国戴维·奇普菲尔德事务所（DCA）	深化张家花园地区保护性综合开发规划设计
3	上海建筑设计研究院有限公司	顾问设计单位
4	上海明悦建筑设计事务所有限公司（明悦设计）	张家花园地区的保留保护历史建筑改造方案
5	日本隈研吾建筑都市设计事务所（隈研吾）	张家花园地区南部文化商业、北部文化中心新建建筑设计
6	同济大学地下工程设计院	地下空间开发策略及与地铁 2 号线、12 号线、13 号线的换乘通道建设方案
7	华建集团地下空间设计研究院	
8	上海建工集团	
9	派盟交通咨询（上海）有限公司（PMO）	区域交通组织方案
10	华建集团	

2020 年 11 月底，上海市静安区张家花园地区更新规划相关控规调整工作获上海市人民政府批复。2022 年 2 月，上海城市规划展示馆在经改造再次开放后，在"人文之城"展厅对张家花园地区更新规划创新技术思路予以了展示。该项目荣获 2022 年度上海市优秀城乡规划设计奖一等奖，入选自然资源部国土空间规划优秀城市更新案例；入选并参展 2023 哥本哈根 UIA 世界建筑师大会（中国馆）；入选 2022—2023"上海设计 100+"展。

　　2022年12月1日，张家花园西区正式对市民开放，作为上海中心城区首个采用"留改拆"城市更新试点项目，张家花园在历经保护性修缮之后，以全新的姿态亮相。诸多奢侈大牌及热门品牌的加入，进一步提升了南京西路商圈的业态丰富度及品牌能级（图4.10～图4.13）。

　　更新后的张家花园地区，对历史建筑活化利用的功能引导以商业办公、文化功能为主，改造后将海派石库门建筑与国际时尚等多元文化相融合，增加文化影响力和国际辐射力，同时还在区域内保留部分居住功能，延续生活的"烟火气"和"人情味"。

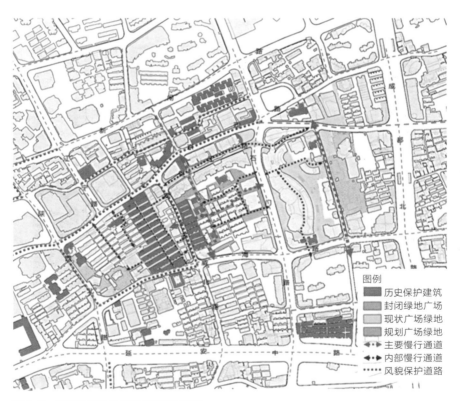

图 4.10　张家花园地区规划公共空间网络

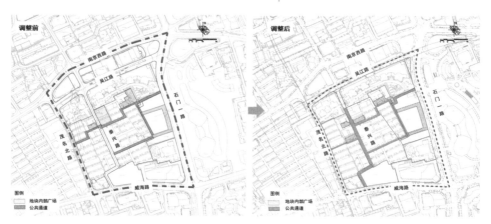

图 4.11　张家花园地区更新前后地下空间范围对比

图 4.12　张家花园地区更新规划创新技术思路在上海城市规划展示馆予以展示（2022 年）

图 4.13　更新后的张家花园（2023 年）

4.1.4 虹口区瑞康里：全市首个城市更新试点项目

加快推进城市更新，是城市建设进入新阶段的必然选择，是践行人民城市理念的内在要求，是提升城市核心功能的重要支撑。作为全市首个城市更新试点项目，虹口区瑞康里东至哈尔滨路，南至嘉兴路、新嘉路，西至四平路，北至海伦路，被虹口港、俞泾浦、沙泾港三条内河环绕，是上海市第一批历史文化风貌保护街坊，并不在旧改征收范围内。2023 年 3 月，上海发布了城市更新三年行动方案，全市将有 10 个以上的综合项目和重点区域进行更新。其中就涉及了虹口瑞康里风貌保护街坊（图 4.14）。

始建于 20 世纪 30 年代初的瑞康里，弄堂里灶间合用率 85%，卫生间合用率 69%，卫生设施厨房设施均已严重老化，扶梯也很窄，尤其是老人小孩上下楼非常不方便。楼内安全隐患突出，邻里纠纷多发，居民期盼改造的愿望非常强烈（图 4.15）。

为了让更多的"原住民"留下来，留住上海的"烟火气"和"人情味"。对瑞康里的城市更新方式没有采用一刀切地"收"，而是从"旧改征收"转变为"城市更新"，体现了一种人文关怀和对历史的保护与尊重。作为上海市开展创新城市更新模式机制的第一个试点项目，按照"两旧一村"工作要求，由虹更公司、虹房公司为实施主体，该项目以"置换腾退（货币化安置）""异地实物安置""回购原地建设房屋""回租原地建设房屋"4 种安置方式，解决旧住房居住安全和改善居住条件（图 4.16、图 4.17）。

该项目很多居民长期居住在不足 1.5 米高的二层阁楼中，经常因为挺身直腰而将脑门子撞上天花板，而且家里连个冰箱都不能买太高的，吃尽了苦头。房屋改造后，1.5 米的层高尴尬将不复存在。有些在此居住了二十多年的居民，虽然已经跟着家人一起搬去了外区，但在听说这 4 种方案后，还是和家人商议决定通过回购，回到老弄

1979 年

2023 年

图 4.14　虹口区瑞康里历史变迁

图 4.15　瑞康里现状（2024 年 1 月）

图 4.16　瑞康里城市更新试点项目办公室（2024 年 1 月）

堂；也有居民选择了货币化安置，希望离市中心远一点的地方，可以
买更大面积的房子，住得舒服点。

2023 年 8 月，瑞康里项目启动第一轮征询，居民同意率高达
99.69%。2023 年 11 月中下旬，瑞康里项目二轮签约率超过 98%，已
正式生效。2023 年 12 月，瑞康里居民已陆续开始搬迁，2023 年年底
前将有 600 多户居民和租户告别旧里。整体清退完成后，瑞康里将
进入改造建设阶段，预计到 2026 年，瑞康里将以新面貌与居民与市
民们重逢（图 4.18）。

图 4.17　瑞康里张贴的城市更新相关公告（2024 年 1 月）

图 4.18　瑞康里现状（2024 年 3 月）

4.2 工人新村更新改造：市民文化与集体记忆的承载

提起工人新村，上海市民都不会陌生。1949—1978 年，我国实施"统一管理，统一分配，以租养房"的公有住房实物分配制度，各级政府和单位统一按照国家的基本建设投资计划进行住房建设，然后以低租金将住房分配给职工居住，这些为工人群体建造的公共住宅就是工人新村。在这期间，上海新增工人新村建筑面积 1 139 万平方米，占新增居住房屋面积总数的三分之二。工人新村的出现，让入住的工人们告别了棚户和滚地龙，成为当时"上海工人的大喜事"。工人新村成为"一个时代、一个地区的集体记忆和共同感情"，是一代人曾经的追求和向往，如新中国成立后建设的第一个工人新村曹杨新村已被列入上海市第四批优秀历史建筑（2005 年）和"首批中国 20 世纪建筑遗产"名录（2016 年），是需要留住的城市记忆。

然而，随着时间的迁移，房龄过长的工人新村房屋开始暴露出各种问题，除了厨卫合用给居民带来的生活不便，房屋漏水和渗水也是常事。尤其是住在一楼的居民，由于上海天气潮湿，房屋内会出现地板、家具底部腐烂甚至白蚁筑巢的现象，居民改善意愿十分强烈。

近些年，"曹杨新村""彭浦新村"等工人新村的改造触发了上海人民的集体记忆，让曾经作为"幸福生活"的代名词的工人新村焕发新活力。

4.2.1　静安区彭三小区：全市首个启动并完成"拆落地"改造的住宅小区

位于上海市静安区的彭三小区建于 20 世纪五六十年代，主要由多层砖混结构住宅组成。这里记录着彭浦新村乃至上海工人新村的荣光。当时，只有劳模、先进工作者家庭才有资格住进彭三小区。当时的居住环境十分优越，小区门口的闻喜路上是窗明几净的饮食店、粮油店、食品店，以及新华书店、文化馆等各类公共设施，小区内小菜场、幼儿园、中小学、医院、邮局、银行和公园等一应俱全。据说这里曾是世界了解上海的窗口，小区内设有外宾接待室，接待过来自 40 多个国家的 600 多批外宾（图 4.19）。

至 2012 年，彭三小区内原有住宅 55 幢，然而其中拥有独立使用的厨卫设施的成套住宅仅有 15 幢，占总幢数的 27%，无独用厨卫设施的不成套住宅居住居民达到了 2 000 多户，这些居民基本上都经济困难，无法自购商品房改善居住条件。小区内的房屋多为 4 ~ 6 层的小梁薄板结构，很多建筑已经超过设计的使用年限，建筑严重老化，房屋墙面腐蚀严重。居民房间面积狭小、阴暗潮湿、破损老化，2 ~ 3 户居民合用厨卫，有些甚至一层 8 户居民共用一个厕所。部分房间常年晒不到太阳。每逢大雨天，住在顶楼的居民屋顶经常渗水；住在底楼的居民则因小区地势低洼、下水道堵塞而家里水漫金山。

图 4.19　静安区彭三小区历史变迁对比

由于管道漏水，平时上个卫生间都要打伞，邻里之间煤卫合用。因此，改善生活环境成了小区居民最热切的愿望。

然而，彭三小区居民之间已建立起良好的邻里关系，周边居住社区配套也已十分成熟，而当时的动迁安置的新住房往往都在城市外围延伸 10 千米以上，相关社区服务设施配套和中心城区难以相比。这些因素都使彭三小区的原住居民不愿意离开这个地方，因此当时传统的大拆大建的动迁安置方式对彭三小区已不再适用。2007 年起，彭三小区被列为全市试点旧住房成套改造项目之一，分五期实施。从确定改造一开始，就明确所有住户原则上不外迁。

其中，一期改造工作主要是通过改扩建方式，将公共扶梯移建至室外，原扶梯间和部分过道改造成居民独用卫生间，解决卫生间合用问题。二期至五期旧改实施拆除重建、成套改造。其中，包括社区食堂、睦邻中心等为老服务设施，尤其到五期改造时通过新建 18 层高层住宅，增加了公共空间和地下空间（图 4.20）。

（1）规划技术手段

① 尊重现有产权进行地块边界调整，按照现状地籍线划分地块，使规划的落地性更强。

② 完善社区公共服务设施，将原控规中的变电站、枢纽站及加油站等设施调整至其他适合的街坊，彻底改善原社区配套设施的规模和质量，增加文化馆、菜场、派出所的面积，并与时俱进地完善和细化相关服务功能，还增加了居委会办公场所、有线电视等设施。

③ 通过改扩建或者拆落地方式增加户均建筑面积，提升居民生活品质。

④ 增加总户数，为区内旧房改造提供房源，一部分用于后期改造住宅的过渡或安置，一部分由政府回购用于廉租住房。

⑤ 在满足日照、消防、退界等建造指标前提下，通过增加建筑

高度及容积率，空出更多的地面空间，用于设置公共服务设施、绿化或室外公共活动空间等。

⑥适当放宽建筑退界要求，在现状无法满足退界要求的情况下，允许根据实际情况缩小建筑退界。

⑦因地制宜的多房型设计，通过对每户居民的房型、面积、承租人、户口和家庭等情况进行详细排摸，与居民进行一对一的安置方案设计。

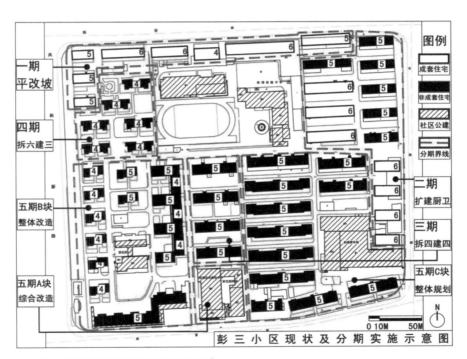

图 4.20 彭三小区现状及分期实施示意图[1]

---

[1] 上海市闸北区彭浦社区单元控制性详细规划(实施深化)局部调整(2012年)。

（2）居民安置方式

实施居民全部原地回搬政策。政府提供一定的补贴，除了签约奖励费、设备迁移费、搬家费等补贴和奖励，每户居民按照房屋面积大小每月获得一笔过渡费。除了资金方面，政府还提供租房帮助，旧区改造办工作人员跑遍彭浦新村的房屋中介，筹集房源。有些老年人希望租住地离医院、菜场近一些，工作人员也一一满足要求。

（3）资金筹措途径

彭三小区经过改造后可回笼资金的部分主要是新增住宅的可售部分，不足部分由市、区两级财政予以补贴。其他回笼资金的渠道还有，公有住房出售净归集资金，即通过售后房的形式向居民出售并办理居民房产证，以及地下车库的出售出租等。[①]

（4）公众参与与意见征询

经过多次征求居民意见，三期、四期项目均达到居民百分之百同意，确保在法律上不留后遗症。目前，第五期项目首日集中签约当天，即达到了96%的高签约率，标志着改造项目正式生效。

作为全市首个启动并完成"拆落地"改造的住宅小区，彭三小区改造过程中也会遇到一些瓶颈问题。例如，改造后，日照条件不能全部满足《上海市城市规划管理技术规定》中的标准，高层中的个别几户会有日照不足的问题。经协商，可将其作为公共租赁住房使用，并且在产证上注明"该户日照不足"。但可以预见的是，未来这几户房屋如果进行买卖的话，对其销售肯定会产生不良影响。

---

① 曹立强,陈必华,吴炳怀.城市不成套危旧住宅原地改造方式探索——以上海闸北区彭三小区的实践为例[J].上海城市规划,2013(4): 78-83.

彭三小区通过原地拆除、重建方式，让 850 多户居民住上拥有独立厨卫、电梯、地下车库、小区绿化及社区公共配套的新房，同时增加了上百户套廉租或安置房源。

2022 年 7 月 21 日，静安区彭三五期旧住房成套改造项目居民回搬仪式在彭三小区内举行。随着彭三五期旧住房成套改造项目 677 户居民开始回搬进 7 幢带电梯的高层新房，彭三小区旧住房成套改造项目顺利画上圆满的句号（图 4.21～图 4.26）。

图 4.21　彭三小区改造后的文化设施（2019 年）

图 4.22 彭三小区改造后的社区服务设施（2019 年）

图 4.23 彭三小区改造后的社区服务设施（2019 年）

图 4.25 改造后的彭三小区
四期以高层为主（2019 年）

图 4.26　更新后的彭三小区新增了可供居民休憩、闲谈的博爱长廊（2024 年 4 月）

4.2.2　杨浦区长白新村 228 街坊：上海现存唯一成片"两万户"历史风貌住宅

　　新中国成立前，上海工人阶级的居住环境十分恶劣。据 1949 年的数据显示，当时上海市的人均居住面积仅为 3.9 平方米，1953 年，为解决本市产业工人的住房困难，上海统一规划建造工人新村，参照苏联集体农庄结构模式建成了一批新住宅，供两万户家庭居住，"两万户"因此得名。与当时道路狭窄、规划凌乱、人口拥挤的市中心区相比，初建的"两万户"工人住宅，有着较完善的市政和社区配套设施。能住进"两万户"住宅的人，大部分是劳动模范和先进工作者，是让人骄傲和羡慕的事情。在小说《上海的早晨》中可以看到对当时工人新村的描述："只见一轮落日照红了半个天空，把房屋后边的一排柳树也映得发紫了。和他们房屋平行的，是一排排两层楼的新房，中间是一条宽阔的走道，对面玻璃窗前也和他们房屋一样，种着一排柳树。"最初规划的房屋使用期限仅为 15 年，而在"两万户"里的居民们一住就是 60 年，住宅内的容量达到了极限，设施陈旧、拥挤不堪，排队如厕都要憋得脸通红。

　　杨浦区长白新村 228 街坊是第一批建成的"两万户"工人新村，也是上海现存唯一的成套"两万户"老公房。其住宅多为砖木结构的坡屋顶 2 层房子，每幢房共设有两个公用厨房和两个公用厕所。而长白 228 街坊自建成时就包含了社区商业中心，当时设置了合作社、社区饭厅、澡堂等，到了改革开放之后，粮油商店、长白饭店也集中开在这里（图 4.27、图 4.28）。

图 4.27　杨浦区长白新村 228 街坊历史变迁对比

图 4.28　"两万户"竣工后居民入住 [1]

① 资料来源：长白 228 街坊的前世今生，一起回顾，上海杨浦。

　　根据 2008 年批复的《长白社区（C090701、C090702 单元）控制性详细规划》（沪规划〔2008〕687 号），228 街坊所在的地块规划用地性质为三类住宅组团与商业金融混合用地，规划建筑量约 5.5 万平方米，建筑高度 60 米，住宅和商业按照 1：1 比例，地块中 12 栋两层的"两万户"住宅将拆除不做保留。

　　在建设用地总规模和开发强度双控背景下，上海通过城市有机更新，促进城市"逆生长"。2015 年 5 月，上海市政府颁布施行了《上海市城市更新实施办法》，开始积极开展更新试点探索，2016 年城市更新工作主要围绕"共享社区、创新园区、魅力风貌、休闲网络"四大行动计划系统开展，并在全市选取了"12＋X"的示范项目，228 街坊则是"魅力风貌计划"城市更新试点项目之一，更新主题为"延续历史文脉、留存上海乡愁"（图 4.28）。在本次更改造中强调公共导向，12 栋"两万户"建筑历史风貌与空间特色得以保留，并衔接联动周边教育资源，将公共文化、服务等功能植入有特色的建筑空间中，同时还增加公共服务及停车设施，完善慢行系统，增加公共空间（表 4.2）。

　　228 街坊先后在 2002 年和 2010 年经历了两次动迁，但由于种种原因，原 700 多户居民中还剩下 360 户居民未迁走。在 2016 年被列为上海市城市更新项目后，经过长白新村街道广大党员和群众的共同努力，顺利完成了"意愿征询率、协商签约率搬迁交房率"三个百分之百要求。当年 7 月初，随着最后一户居民的搬离，228 街坊成功实现了整体协商搬迁的目标。

　　2018 年，规划将 228 街坊所在地块用地功能调整为租赁住房用地（全持有的市场化租赁住房），容积率 1.23，地上计容建筑面积约 2.7 万平方米，建筑高度 60 米。2019 年开始，228 街坊经历了整整 4 年的建设，于 2023 年正式完工。

　　为深入贯彻落实党的二十大精神，全面实施《关于"十四五"

表 4.2　2016 年上海城市更新四大计划示范项目

计划名称	项目名称	项目位置	行动主题	更新公共要素内容
共享社区计划	曹杨新村社区复兴	普陀区曹杨新村街道	乐活社区、幸福曹杨	增加公共服务设施、保护生态环境、完善慢行系统、增加公共空间
	万里社区活力再造	普陀区万里街道	魅力社区、悦行万里	增加公共服务设施、完善慢行系统、增加公共空间
	塘桥社区微更新	浦东新区塘桥街道	用思想创造空间，用文化点亮社区	增加公共服务设施、增加公共空间
创新园区计划	张江科学城科创社区更新	浦东新区张江科学城	活力张江，科创之城	优化城市功能、保护生态环境完善慢行系统、搭建创新平台
	环上大影视产业社区建设	静安区上海大学（延长校区）周边地区	四区联动、融合共生	优化城市功能、增加公共服务设施、保护历史风貌、完善慢行系统、增加公共空间
	紫竹高新区双创环境营造	闵行区紫竹高新技术产业开发区	双创紫竹、活力小镇	优化城市功能、增加公共服务设施、保护生态环境、增加公共空间、搭建创新平台
魅力风貌计划	外滩社区 160 街坊空间开放风貌重现	黄浦区外滩街道	回眸外滩历史、重现街坊风貌	优化城市功能、增加公共服务设施、保护历史风貌、完善慢行系统
	衡复"1+1+4"保护性整治	衡复历史文化风貌区	无	优化城市功能、增加公共服务设施、保护历史风貌、增加公共空间
	长白社区 228 街坊"两万户"保护置换	杨浦区长白新村街道	延续历史文脉、留存上海乡愁	优化城市功能、增加公共服务设施、保护历史风貌
休闲网络计划	黄浦江两岸慢行休闲系统	黄浦江沿线	"漫步滨江，畅游黄浦""滨江漫步，悦动上海"	优化城市功能、增加公共服务设施、保护历史风貌、完善慢行系统、增加公共空间
	苏州河岸线休闲系统	苏州河沿线	"三轴三区，能级提升"	优化城市功能、保护历史风貌、完善慢行系统
	万体馆开放健身休闲空间	徐汇区漕溪北路 1111 号	"顶级赛事万体，休闲网终街区"	优化城市功能、增加公共服务设施、完善慢行系统、增加公共空间

期间全面推进"15分钟社区生活圈"行动的指导意见》（沪委办发〔2022〕29号），作为长白新村街道"15分钟社区生活圈"行动蓝图中的一个关键节点和示范项目，街道重点对228街坊开展了量身定做的研究。研究发现位于杨浦区中东部区域的228街坊，周边大多是工人新村社区，15分钟步行范围包含军工路以西的长白、延吉、长海、定海等街道，并可辐射军工路以东上海理工大学，片区内高品质公共服务设施及公共空间配套缺乏。街道在"15分钟社区生活圈"规划编制过程中调查的对象覆盖校区、园区、社区，充分了解不同人群的生产和生活需求，并给予个性化的解决方案。

更新后的228街坊覆盖了从社区商业、体育健身、文化娱乐、生活服务等复合功能，满足了周边居民一站式、多元化的需求，潮流生活在烟火气中呼之欲出。2023年8月底，上海市文化旅游局正式公布的第四批50个上海市民"家门口的好去处"名单，长白228街坊就是其中之一。对于附近居民来说，每天的不同时段来这里逛一圈、"坐一歇"，是一件享受生活的美事。

作为开放性创新型社区，228街坊最大程度还原了曾经的工人新村历史风貌，延续了历史文脉，还让很多"老杨浦"找回了当年的记忆，留存上海乡愁，最重要的是成为周边居民"15分钟社区生活圈"的重要"补给地"，真正实现了人民城市为人民（图4.29～图4.35）。

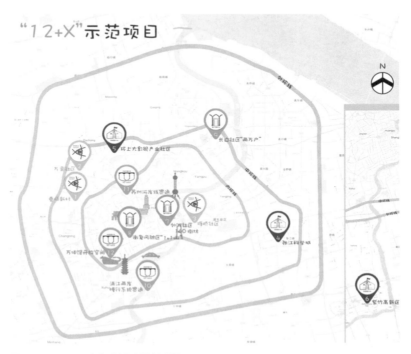

图 4.29　12＋X 上海市城市更新项目

图 4.30　更新前的杨浦区长白街道 228 街坊"两万户"（2019 年）

图 4.31 更新中的原浦区教育
街道 228 街坊（2021 年 9 月）

图 4.32 更新后的 228 街坊（2023 年 11 月）

南 跨越70年，我在228等你 北

S 长白路158号 N

街坊运动健康中心

图 4.33　更新后的杨浦区长白
街道 228 街坊（2023 年 11 月）

图 4.35　更新后的杨浦区长白街道 228 街坊（2023 年 11 月）

4.2.3　普陀区曹杨新村：新中国成立后建造的第一个工人新村更新

曹杨新村是上海解放后，由人民政府决定兴建的全市第一个工人新村。该新村位于普陀区的中部，中山北路、金沙江路以北，曹杨路以西，真如镇以南，桃浦、杨柳青路以东，以曹杨路路名命名。新中国成立前的普陀区是上海市纺织工业十分发达的老工业区，是劳动人民集中的居住区。在20世纪二三十年代，苏、浙、皖等地来沪谋生的绝大多数劳动人民，由于付不起昂贵的房租，就在吴淞江两岸朱家湾、潘家湾、潭子湾和药水弄等滩地上，搭起草屋、芦席棚、滚地龙，逐步形成了全市有名的"三湾一弄"棚户区。新中国成立后，上海市人民政府为解决劳动人民的居住问题，在1952年启动了"两万户"工人住宅兴建计划，曹杨新村的曹杨一村则是第一个建成的工人新村。曹杨一村的住户以工人，特别是轻纺织行业的优秀劳模为主。

曹杨新村内含多处上海市优秀历史建筑，房屋具有典型的20世纪50年代建造的工人住宅建筑的特征，尤其是第一期竣工的曹杨一村在2005年被列为上海市第四批优秀历史保护建筑，保护要求为四类，保护重点是维持单体原外貌和规划空间格局。这也是当年唯一入围历史保护建筑的现代建筑。然而，今天的曹杨新村，由于厨卫合用带来如厕、洗浴、烧饭诸多不便，老旧的木质结构引发虫害，电线乱穿、违建等现象加重了房屋的安全隐患，民生环境急需改善。

自2019年以来，上海通过"贴扩建"的改造方式（即针对前后房屋间距较大、存在拓宽可能的半独用旧住房进行改造，改造后房间布局更加合理，使用面积扩大），留住了曹杨新村的历史韵味，增加了房屋面积，消除了安全隐患，改善了民生福祉（图4.36、图4.37）。

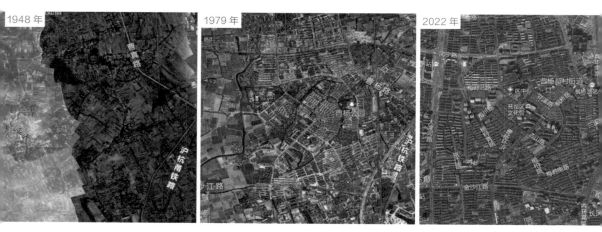

图 4.36　普陀区曹杨新村历史变迁对比

图 4.37　2020 年的曹杨新村

曹杨新村的综合修缮改造方案设计始终贯彻城市更新"留、改、拆并举，以保留保护为主"要求，重点关注历史风貌保护、传承历史文脉，多途径、多渠道改善市民群众居住条件。

小区层面，配置适应老人社会生活需求的电梯、老年活动中心和社区医疗服务中心等公共设施。尤其是曹杨新村村史馆，征集展出了几百件原住居民捐献的老照片和实物，真实记录了全国第一个工人新村从 1951 年建村至今的发展变化。开发地下空间作为停车库，并将停车费收入补贴物业管理费，小区交通的规划也将活动空间与车行空间分开，实现人车分离，通过梳理空间脉络，停车位较更新前增加了 100%。

建筑层面，保证建筑总平面轮廓形制不变的情况下，进行综合修缮改造，重新布局楼梯通道，增加楼梯宽度，放缓踏步。将原半独用厨卫改为套内成套，调整厨卫部分、公共区域及楼梯空间格局，给予每户独立的厨卫。增添加固、保温及防火措施，常年保持室内温度为 18 ~ 22℃。重点保护部位严格按原式样、原材质、原工艺进行修缮。屋面材质按照原来的样式和颜色修缮，外立面遵循"最小干预"和"真实性"两条基本改造原则，原貌保留南立面，北面内凹处适当向外扩出 2.65 米，释放出的增量面积每户可得到 8 平方米左右，外墙粉刷涂料经过原状考证，采用一种与历史原状颜色一样的暗米黄色涂料作为立面主材。

社区环境层面，对曹杨新村内最重要的水系——曹杨环浜进行改造，在其沿线选点了多个口袋公园，曹杨公园也变成 24 小时开放。口袋公园的选址是让居民用脚投票，同时考虑到很多老人在采购完以后，正好需要找个歇脚的地方，更新后很多孩子、老人都相约在沿线步行道漫步玩乐。此外，设计中对社区公共空间内的细节设计也十分重视，通过微更新的方式恢复了历史上的红五星式门头，小区内公共空间融入对曹杨居民而言有特殊意义的棉花、纺织梭子等元素，在恢复场地记忆的同时增强社区的可识别性和归属感。

曹杨一村自 2019 年 12 月旧住房成套改造工程按下"启动键"以来，从方案选择到施工建设，过程中，均以居民意愿为主体、坚持服务居民为理念。2021 年，曹杨新村街道被纳入全国首批城市一刻钟便民生活圈试点，家门口的环浜、曹杨公园、兰溪青年公园等社区环境全都得以重塑。2021 年 10 月，最先动工的二工区 369 户居民首先迎来回搬；2021 年底，居民陆续全部回搬，享受阳光洒在地上，走出家门如同步入公园的幸福生活（图 4.38 ~ 图 4.41）。

图 4.38　更新后曹杨一村里的红桥（2021 年）

图 4.39　改造前后剖面图（2021 年，摄于曹杨新村村史馆）

图 4.41　更新后的曹杨一村内的百禧公园（2021 年）

图 4.40 更新后的曹杨一村
内的百禧公园（2021 年）

4.3　售后公房住区更新改造：社区生活圈建设与居住品质提升

　　1980 年国家提出试行住房商品化的住房改革后，房地产业进入高速发展时期，这一年上海住宅竣工建筑面积也出现飞跃增加（图 4.42），售后公房数量在这期间有较大增长（图 4.43）。至 1990 年，上海居住房屋建筑类型已形成棚户、简屋、旧式里弄、公寓、花园住宅、职工住宅、新式里弄、联排住宅等几大类型，且以职工住宅和旧式里弄为主。当时对住宅质量及配套没有具体严格要求，住宅结构多为砖混，如住户私自改装后很容易造成建筑承重问题，甚至变成"危房"；同时，住宅市场化以后，定期维修机制逐渐消失，房屋的维修程序繁琐。因此，对现存的 20 世纪八九十年代的住宅改造尤其具有紧迫性与复杂性。

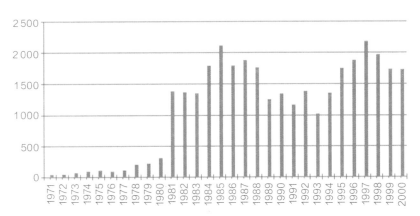

图 4.42　上海历年住宅竣工建筑面积统计（单位：万平方米）

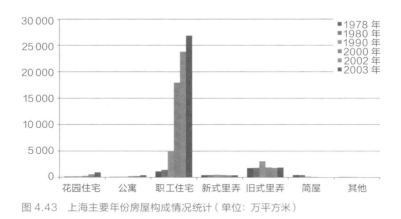

图 4.43　上海主要年份房屋构成情况统计（单位：万平方米）

4.3.1　静安区汉中小区：上海市第一批美丽家园改造示范点

在上海城市更新转型发展和创新社会治理的时代背景下，2015年7月，上海静安区启动"美丽家园"建设，全面落实城市更新实践，针对老旧住区的公共设施、交通组织、安全管理、房屋本体四大问题，实现老旧社区旧貌换新颜，让老百姓有更多获得感和幸福感。其中，位于静安区天目西路街道的汉中小区是2015年最先启动的第一批"美丽家园"建设试点小区之一，在老旧住区更新的理念创新、规划方法、实施路径等方面具有可参考性。从2015以来持续三年开展的美丽家园建设，在过程中率先引入社区规划的理念，改变了传统房修类工程主导模式，是具有前瞻性的积极实践（图4.44）。

汉中小区建成于1994年，位于汉中路、梅园路交会处，交通购物便利，是由申江房产开发有限公司开发的普通住宅。现状存在房屋楼栋单元门老旧、走道杂乱、烟道走向混乱，车位不足、车辆乱停、休息活动设施老旧等问题，居民生活环境品质亟待改善提升（图4.45～图4.47）。

《关于进一步创新社会治理加强基层建设的意见》（沪委〔2014〕14 号）

《上海市加强住宅小区综合治理三年行动计划（2015—2017 年）》

《闸北区关于开展"美丽家园"建设的实施意见》《关于加强居委会标准化建设的实施意见》《居委会管理服务规范（试行）》

各街镇均完成若干小区的美丽家园实施建设

若干重点小区实施方案（升级版）编制基本完成

| 2014年12月 | 2015年1月 | 2015年2月 | 2015年4月 | 2015年7月 | 2015年7月 | 2015年12月 | 2016年1月 | 2016年8月 |

《关于加强本市住宅小区综合治理工作的意见》（沪府办发〔2015〕3 号）

《关于进一步加强闸北区住宅小区综合治理工作的意见》《闸北区加强住宅小区综合治理三年行动计划（2015—2017 年）》

8 街 1 镇分批制定各工作计划及陆续开展美丽家园建设

新静安区美丽家园建设（升级版）推进

图 4.44　2015—2016 年静安区美丽家园社区建设工作进展情况

图 4.45　汉中小区区位图

图 4.46　汉中小区建筑内部主要问题
（2015 年）

注：汉中小区中多层住宅主要存在油烟管
道排布混乱、楼道涂料剥落、电线需规整、
楼道公共窗户破损严重等问题；高层住宅
主要存在门厅墙面和地砖老旧、消防设施
破损、楼道线缆老旧且杂乱等问题。

图 4.47　汉中小区内部生活环境主要
问题（2015 年）

注：汉中小区环境存在生活设施老旧、
绿化品种单一、机动车乱停现象严重、
公共空间被建筑垃圾占用等问题。

结合天目西路街道老旧住区的特点和主要问题，规划整体方案设计主要包括四方面内容：一是交通组织改造，主要针对交通通道的梳理、机动车与非机动车停车空间的优化；二是景观环境提升，包括对健身花园的改造、路灯更换、垃圾堆放点、垂直绿化等方面的改造和提升；三是小区安全维护，包含严格管理生命通道、完善小区安保监控设备、电梯内安装监控探头以及加装 LED；四是建筑设施修缮，包含解决屋顶漏水问题、防盗门维修及更换、高层漏洞铺设新地砖、一楼门厅贴墙面砖、公共楼道扶手及消防器材油漆美化、信报箱更换、恒通路围墙改造等。

在深入推进汉中小区"美丽家园"建设过程中，通过规范物业管理及"拆建管"等综合措施，解决了小区多年来的各类顽症，真正让百姓得到了实惠，汉中小区更新改造工作于 2018 年已基本完成，小区环境得到了明显的改善，居民的生活品质得到提高，居民的满意度和获得感得到增强（图 4.48）。

图 4.48　更新后的汉中小区航拍图（2022 年 12 月）

4.3.2 徐汇区日晖六村：徐汇区"三旧"变"三新"民心工程

老旧小区改造是深入践行人民城市理念的重要民心工程、民生实事。徐汇区现存一些老旧小区人口密度高且人员复杂，厨卫合用现象普遍，居民交叉感染风险较大。徐汇区政府自 2021 年 10 月起提出了"让老旧住房换新颜、老旧小区穿新衣、老旧小区居民过上新生活"的"三旧"变"三新"工作计划。在这一民心工程开局之年，2022 年徐汇区将实现"135"目标，即全部完成 1 年零星旧改约 1 000 户，整体竣工 3 年住房修缮约 900 万平方米，全面启动 5 年成套改造约 30 万平方米。

日晖六村位于斜土路街道北部，东为大木桥路，西为小木桥路，北为斜土路，南至零陵路，占地约 12.67 公顷，截至 2022 年 10 月，共有居民 4 463 户，分属日晖六村一、二居委会，其中不成套住宅占总户数的 10%，套外套住宅占总户数的 55%。小区内住宅多建于 1957 年，为混合结构三至四层工房，20 世纪 70—80 年代又由上海电力公司、上海农场管理局等单位先后兴建四至七层楼工房 90 幢（图 4.49）。

日晖六村所在的街坊南北尺度约 480 米，东西尺度约 280 米，现状小区内仅有一条南北贯通的公共通道，宽约 10 米，并以此为界，将小区划分为东西两片，分属两个居委管理。小区内现状停车混乱无秩序，多个需封闭管理的外部单位嵌在社区内部，不利于社区整体管理。社区内公共空间现状以硬质铺地为主，缺少休憩设施，四周植被杂乱（图 4.50 ~ 图 4.54）。

为彻底改善居民生活环境、提高居民生活幸福感、满意度，2021 年 10 月以来，斜土街道以"三旧"变"三新"为目标，以老旧小区综合整治为路径，以居民自治共治为基础，全面开展日晖六村

图 4.49　徐汇区日晖六村历史变迁对比

图 4.50　日晖六村航拍图（2022 年）

图 4.51　日晖六村内现状: 南北通道 (2022 年)

图 4.52　日晖六村内现状: 停车混乱无秩序 (2022 年)

图 4.53　日晖六村内现状设施布局情况

图 4.54　日晖六村内现状公共空间存在的主要问题（2022 年）

老旧小区综合整治和全面提升工作。目前，相关研究工作正在如火如荼地开展中。

完善街坊内部公共空间网络方面，考虑到街坊南北向尺度较大，同时现状缺少东西向公共通道，通过梳理现状路网及地籍权属情况，研究在街坊内增加多条东西向公共通道的可能性；同时，探讨街坊内提升徐汇区业余大学开放性，以及沿小木桥路拆除既有的低效商业功能、增加小型公共空间的可能性，增加公共空间的可达性、便利性，在为居民提供更优质的慢行体验，满足功能性、开放性的同时延续原有的路网结构，以留存原有城市记忆与意象，增强本地居民的归属感（图 4.55）。

强化社区服务设施配套方面，通过调研街坊及周边区域，发现街坊内居民对儿童友好活动设施、居民休憩活动空间等需求较大；又结合对斜土路街道公共服务设施可实施性评估及目前区域内开展的相关设施需求，结合相关设施未来搬迁至其他地块的可能性，在基于区域规划评估、公共服务设施服务半径分析的基础上，建议可考虑在街坊内将社区文化、体育设施等功能结合日晖六村未来发展作进一步完善（图 4.56、图 4.57）。

提升居住建筑质量及环境品质方面，从建筑屋面修缮、建筑外立面整治修缮、建筑单元门修缮、建筑公共楼道修缮等方面，以及包含小区景观活动场地提升、道路修缮提升、小区围墙重新设计、小区入口修缮、设施提升等景观提升方面，进一步提升社区居民居住品质，落实为民办实事项目。

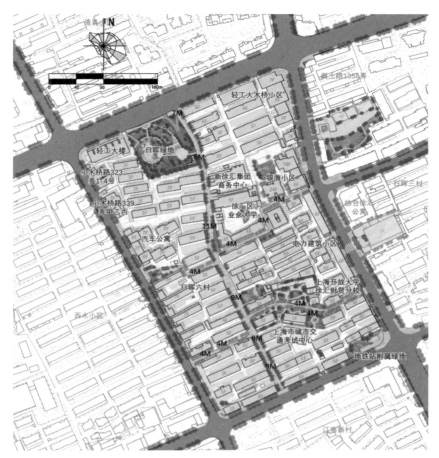

图 4.55　日晖六村内部
公共空间网络优化研究
（2022 年）

图 4.56　小区内部分住
宅楼已完成了加装电梯
工程（2024 年 4 月）

图 4.57 更新后的日—
晖绿地（2024 年 4 月）

第五章

制度保障：
精准有效的政策供给

城市作为人类生活空间的重要载体，其持续不断的更新才能给城市带来新的活力，而在这一过程中，城市原有的社会结构和利益关系也在不断变化。随着社会诉求日益多元化，各类资源因主体的阶层、生理、文化等诸多因素的差异而不断进行再分配；与此同时，国家法制化进程的公平公正，对个体权益的法律保障也在日益加强，这对政府的治理能力提出了更高的要求，也需要更加精准有效的政策保障。

随着上海中心城区成片二级旧里以下房屋改造的"收官"（图5.1），零星地块旧改成为民生工作重点，现有的政策仍缺乏更加精准细化的保障，如零星地块通常难以符合法规中对退界、日照、间距、密度、面宽、限高、绿化、消防等方面的具体要求；现有的老旧小区改造涉及的规范散见于各种法律法规中，缺乏专门性、有针对性的法律法规，适用有关法条时容易出现多头适用或互相制约、互为前提的情况。想要保持城市记忆，保留利用既有建筑，又延续特色风貌，需要首先从政策供给上提供精准有效的保障。

图5.1　2022年7月26日的《人民日报》上报道了上海中心城区成片二级旧里以下房屋改造全面收官

5.1　确立差异化更新目标

5.1.1　完善改造对象标准

在旧区改造项目启动前，要谨慎判断项目可行性，在保证居住品质的前提下，研判是否纳入改造范围。如采用"拆落地"模式时，应考虑是否有条件做到全部原地回搬，或是否存在亟须进行改造的危房。旧区改造作为一项民生工程，其最主要的目的是通过使其成套，从而提升居住品质、完善社区配套，增强居民的幸福感与获得感，因此不能一味地强调原地回搬、一味地增加建筑量，牺牲居住品质。因此，建议在项目启动前，首先请相关部门对实际人口进行摸排，结合人均居住面积的相关规定以及实际用地面积，进行测算，判断项目的可行性。如果由于空间有限做不到全部原地回搬的住区，可考虑通过其他旧房改造的模式进行改造；如果是亟须进行改造的危房，可采用"拆落地"的改造模式，但不强制全部原地回搬，或寻求与周边地块捆绑开发等其他路径。

5.1.2　与保障房等民生保障政策结合

为打破土地方面的瓶颈，可考虑将旧区改造项目纳入保障房的相关土地政策，在供地、新增扩大用地等情况发生时，均有可以遵循的政策。旧区改造本质上是一项民生工程，与保障性安居工程相同，都是为了改善民生、提升居住品质，而非是经营性质的。因此，将其纳入保障房序列，有助于旧区改造项目在土地程序上的顺利推进。

此外，建议将保障房资源进行全区统筹考虑。旧区改造项目无法做到全部原地回搬的，可考虑与区内其他保障房资源进行捆绑搭桥，将需要安置的居民互相腾挪、统筹安排。

5.2 优化资金平衡政策

5.2.1 面积增量优先确保成套要求

改造前的许多老房子都存在卧室较大、客厅较小甚至没有客厅的问题，卧室充当了一部分客厅的作用，如用餐、会客等功能一般会在卧室内解决。旧区改造需充分考虑其初衷，按照居民需求的迫切程度，面积增量首先用于成套要求，按照厨卫成套、公共服务设施、其他建筑的顺序，安排增加建筑面积的使用。因此，改造过程中优先保证扣除厨卫的套内面积不变，在内部操作时，为避免施工时出现误差使面积减小，可有一定增量作为保证。旧区改造大多伴随着整个住区建筑面积的增加，但增加的建筑面积主要为厨房、卫生间面积，楼梯间等公摊面积，以及公共服务设施的面积，扣除厨卫的套内面积仍需保持与改造前相同。此外，售后公房虽已达到成套标准，但仍会酌情增加过厅等面积。

5.2.2 明确建设开发容量转移的政策

目前已发布的相关城市更新政策中对提升城市功能、公共服务配套、加强历史保护和改善生态环境等方面的建设活动都提到了给予开发权奖励等政策支持，但多适用于公共活动中心区、历史风貌地区、轨道交通站点周边、老旧住区，以及产业社区等地区，尚未明确将旧区改造、城中村改造等未纳入其中。

因此，需研究出台形成针对旧区改造的开发容量转移的相关政策保障，作为"补充说明书"。例如，对某一城市更新项目开发容量转移办法予以明确，包括转移方式、转移平台等，将该项目无法容纳的建设量向其他类型项目进行转移。增加容积率的项目的后续收益，可用于填补旧区改造的资金缺口，达到资金平衡，为民间资本、业主的更新活动提供了可能性。

5.2.3　细化土地、税收等相关优惠政策

近年来，为加快城市更新和旧区改造，上海市政府陆续出台了一些优惠政策，但这些政策相对比较零碎，无法对旧改成本降低带来质的变化。通过对已完成或正在开展的旧区改造项目调研发现，现有的相关政策法规由于细化程度不足无法很好地在项目开展过程中落实和执行，尤其是土地、税收等方面政策的空隙，阻滞了项目推进进度，往往需要采用"一事一议"解决。因此，建议细化土地出让、资金补偿、财务、税收等相关优惠政策，为旧区改造的经济平衡创造条件，如建议政府针对旧区改造项目拨出财政专款给予专项补贴，确保补贴的力度大、资金到位速度快；又如建议针对重点旧改项目，列出免、减税费清单，能免则免、能减则减，而对于现行法律规定无法减免的税费，建议采取延期或延后纳税等方式，待旧改项目建成后再进行税收清算。

5.3 形成公平补偿政策

5.3.1 保证利益的公平分配

利益的分配问题是旧区改造中的核心问题。居民之间的利益分配，小到房屋建筑面积增量、房屋朝向、选房方式，大到如果出现无法全部原地安置的情况，如何确定抽户居民，对抽户居民如何进行补偿等，涉及问题十分复杂，无法通过建筑设计方案达到绝对的公平。因此，也需要结合政策的细化引导来解决。例如，若改造前已有独立卫生间，那就不进行卫生间面积的增加。又如，选房时楼层的高低应参照原楼层，在有条件的前提下可根据居民意愿进行调整等。

5.3.2 集中安置同类型权属房屋

旧区改造前，公房和售后公房（产权房）布局混杂，没有明确的划分界限；而改造后，根据户型标准，会存在改造前后房屋布局的差异，如根据经验数据显示，公房"拆落地"改造后，居室增加使用面积约 1.5 ~ 2.0 平方米，厨房间（封闭式）增加使用面积约 3.0 ~ 3.5 平方米，卫生间增加使用面积约 2.5 ~ 3.0 平方米，以及由于增加房间引起的过道空间约 2 ~ 2.5 平方米。售后公房改造后，在公房建筑面积增量的基础上可再增加使用面积约 5 平方米，

因此，在居民安置政策上，建议在有条件的前提下，考虑优先将售后公房集中安置在单独的楼内，与公房分开，方便后期管理和实际操作。

第六章

———

规划管控：多维度
多层次的技术要素

在当今社会思想文化日趋多元、多样、多变的背景下，旧区改造面对的问题也日益多元复杂，需要多维度多层次的技术要素来支撑规划管控，提升居民获得感、幸福感和安全感。尤其像衡复历史文化风貌区等地区的保护更新更是面临着巨大的挑战。如物质性老化、结构性和功能性衰退、传统人文环境和历史文化环境日渐丧失，基础设施不健全、周边环境恶化等，而相关部门也正在通过组织开展《衡复东十二坊整体研究及兴顺里街区更新方案》《风貌区内零星空间专项梳理》等城市更新模式探索，以期通过城市更新改善民生、延续历史文脉的路径与关键技术创新，进一步提升风貌区的生活品质和内生活力，以此来延续城市文脉，保存城市记忆，改善环境品质。

具体而言，上海市在旧区改造过程主要从两个层次开展精细化管控，一类是针对原有住宅建筑自身层面，以保留住宅原有的建筑特色及主体建筑结构为前提，对房屋自身结构及内部进行修缮，多采用分隔、加扩建改造、抽户改造等改造方式。但该类改造方式随着房屋老化，逐渐不能满足居民需求。另一类是聚焦住区规划层面，针对住区中建筑结构差、无修缮价值且规划上具备改造条件的旧住房，根据新时期规划要求重新建设，在合理的前提下对建筑高度等管控要素适当突破，实现为住区提供更多的公共设施和公共空间。

6.1 精细化设计，"小确幸"里蕴含"大民生"

6.1.1 增加少量建筑面积，开展多房型设计

旧区改造的对象往往为缺乏成套厨卫，结构严重老化破损，且原住宅内部格局往往十分复杂，出于一些历史原因，经过居民的多次改建、加建，形成多种户型，而在设计中成套率达到百分之百是硬性要求，因此，在具体设计时需要更精细化的设计，考虑多种房型设计来满足每户人家的要求，同时留有一定的建筑余量，用于公共部位的公摊，及独立的厨房、卫生间的面积，而非用于某种特定功能的增加。

例如，静安区虹江路1258弄内住宅年久失修，涉及危房改建的总建筑面积约5 852.18平方米（图6.1）。其中，有3栋5层、1栋4层住宅，1栋1层私房，其中共涉及的原户型就多达几十种。经建筑方案验证研究，出于各家居民的需求及公平性的考虑，设计方设计了20多种房型，满足居民全部回搬的要求，同时户内使用面积（卧室和厅之和）比原有住宅增加1~3平方米，厨房间（封闭式）增加使用面积3~3.5平方米，卫生间增加使用面积2.5~3平方米。但由于该项目在更新研究过程中就存在现状房屋所有权复杂，成套改造标准不完善等难点，导致了项目进展缓慢。

6.1.2 提升住宅建筑控制标准

住宅建筑改造最主要通过为增添和改善厨卫设施、调整建筑内

部布局等方式，完善公房的成套使用功能。针对公房中租赁公房和售后公房两种不同的情况，结合目前实际项目经验，提出了以下不同的控制标准建议。

（1）租赁公房

租赁公房的成套改造应当按户配置独用的厨房间和卫生间，对居室面积进行严格控制。根据相关文件要求，住宅成套改造除与住户有约定外，不宜减少原住户房屋居住面积，且不宜改动卧室的房型尺寸，厨房使用面积应不小于 4.5 平方米，卫生间使用面积应不小于 3.5 平方米[①]。在实际项目实施操作中，参考相关规范，根据经验数据，针对每个项目的侧重点不同有所浮动，以打造适宜的住宅空间。

（2）售后公房[②]。

售后公房基本为成套住宅，结合目前实际项目经验，改造标准有两种情况。一是售后公房的改造标准原则上略优于公房，原则上可在居室不变的情况下，增加过厅等（空间）面积，并在有条件的前提下将产权户集中设置在一栋楼，方便后期管理和实施操作；二是售后公房的增量标准略低于公房，一般按照成套增加建筑面积 5～10 平方米、非成套增加建筑面积 10～15 平方米的标准进行控制。

[①] 参见《上海市成套改造、厨卫等综合改造、屋面及相关设施改造等三类旧住房综合改造项目技术导则》、《上海市工程建设规范住宅设计标准》（DGJ08-20-2013）。

[②] 售后公房是指根据不同的房改后自1994年起政府把公房（也就是使用权房）出售给职工（买下产权），后来已售公房可以上市出售，于是这些上市的已售公房被称为售后公房。

　　为了改善居民的居住品质、提升城市整体品质，闸北区近年来持续开展老旧小区的成套率改造、拆落地重建等工程，获得居民的高度评价，收到了良好的城市发展综合效益。闸北和静安并区以后，老旧小区的改造继续开展。2016 年，针对不能列入旧区改造的老旧住房，区内积极推进旧住房拆除重建，包括有谈家桥、蕃瓜弄（图 6.1）、芷江中路 660 弄、普铁新村、唐家沙旧房综合改造等项目。根据全市关于老旧住房改造的基本政策，结合城市品质提升的需求，确定改造基本原则包括：居民原地一对一安置；通过拆除违章搭建、增加绿地和开放空间等方式使得住区整体空间环境得到整治和提升；人均住宅面积按照相关标准略有增加，居住水平得到显著改善；改造后居住人口数量相对现状不增加；住区内原有的社区服务设施和基础教育设施的建筑规模不减少，并尽可能予以增加。

图 6.1　更新前后的静安区蕃瓜弄

6.1.3　营造有归属感的社区公共空间

老旧小区的居民因在原来环境中生活时间久远，形成了许多有情感联系的交往圈，因此作为归属感的核心载体，社区公共空间便是改造中的核心内容，而提升归属感不仅仅体现于公共空间的增加，而是更应该遵循适应性、多样性、复合性和层次性等原则。尤其在各区美丽家园改造工作中通过走访居民在户外晾晒衣服的习惯，同时根据日照分析等技术手段，合理规划和改造室外晾衣竿位置及形式；在社区活动场地综合设置儿童活动区和老年活动区，营造复合性的交往空间，提升空间的趣味性；在公共空间布局上，通过座椅、绿化的设置体现公共性和私密性的层次性，满足不同的交往需求。

例如，位于杨浦区的翔殷三村。其社区花园总面积约 400 平方米，现状有几棵高大的松树以及密布的冬青，鲜少能为居民真正使用（图 6.2、图 6.3）。翔殷三村这一老旧小区现状公共空间集中式布局，集中的公共空间是居民日常交往的主要场所，而在当前时代背景下，不仅影响安静的居住环境，还在一定程度上不利于传染性疾病的防控。在翔殷三村社区花园的更新设计中，从规划和景观多维度层面，在不破坏中心花园现状整体绿化与空间大格局的前提下，通过加入多条慢行路径，增加居民休憩选择多样性，形成多个可以互动又可独立使用的独处或小规模休憩交往空间，匹配不同类型的社区居民多元休憩需求。不仅提供了更安全的人际交往空间，还有利于减少较大规模的人员聚集、创造更宁静的社区内部环境。此外，在翔殷三村社区花园的景观构筑物设计中，注重满足居民对传统集中公共空间中小尺度集中式的休息空间需求，并将其升级和转向，以"廊亭"的形式呈现。一方面，在满足居民遮阳避雨需求的前提下可以降低静态聚集的概率；另一方面，可以廊亭为空间载体组织开展社区共享的文化活动（图 6.4）。

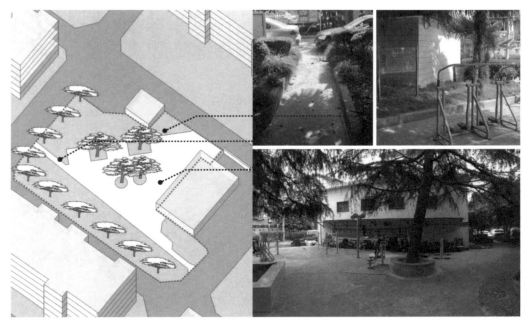

图 6.2 改造前的中心花园存在绿地面貌陈旧、枝叶繁茂的乔木导致场地光线不足、游憩设施布局缺乏组织等问题

图 6.3 改造前的翔殷三村中心花园（2019 年）

图 6.4　改造后的翘翘三树
中心花园（2021 年）

6.2 弹性管控，兼顾"有温度"与"可阅读"

6.2.1 合理调整建筑布局方式

旧区改造往往面临的是十分复杂的外部环境，在设计过程中要满足现行规范的难度加剧。因此，建议在实际方案设计中通过规划研究，在对地块周边不造成影响的前提下，适当放宽建筑间距、建筑退界等规划指标要求。

例如位于静安区的广延路 49 弄现状内有 4 幢历史建筑，7 栋多层不成套住宅，内有住户 231 户，在建筑方案研究中，既要满足居民住宅成套的要求，又要考虑历史建筑的风貌保护要求。经多轮方案比较，建筑方案在道路退界等方面有所突破，较既有规范要求有所减少，但不对周边建筑产生影响。目前，该项目建筑方案仍在进一步研究中。

6.2.2 优化居住小区总体布局

一是建议适当放宽建筑退让要求，但不得小于原退让距离。例如，项目用地边界如外为同一小区（同一物业管理范围，无围墙），可考虑不作离界距离控制，按建筑间距控制退让距离；用地边界外为其他小区（非同一物业管理范围，有围墙），按技术管理规定中离界距离要求控制；用地边界外为非居住建筑等，在征得相关权利人同意后，按消防间距予以退让。

二是建议适当放宽同一改造范围内建筑间距要求。为确保相邻关系的妥善处理，涉及的改造范围内建筑与范围外建筑之间的建筑间距应符合《上海市城市规划管理技术规定》的要求；改造范围内建筑之间的建筑间距，建议根据实际情况适当放宽要求，但应以保证消防间距为前提，尤其是高层居住建筑与高层居住建筑平行布置时，建议可考虑适当缩小间距要求。

三是建议对于原住居民安置住房和保障性住房采取不同的日照要求。不建议采用"一刀切"的模式，用于安置原住居民的房屋，应当符合《上海市城市规划管理技术规定》的标准；对于因为改造过程中增加的房屋套数，并用作保障性住房用途，建议日照要求可适当放宽，如可考虑参考上海租赁住房标准，鼓励围合式布局，应以南北朝向为主，允许布置部分东西朝向住房，同时应保证50%以上居室的冬至日满窗日照有效时间不少于连续1小时。

第七章

行动创新：
公平效率与可持续

　　民生建设是国家通过制定和实施社会政策以保障和改善民生的行动体系。在旧区改造中，民生建设不仅要保障民众基本生活和满足民众在各方面的基本需要，还要以人为本，吸引多元主体共同参与，一起为居民生活品质提升出力。为确保编制完成的规划能有效实施运行，需要立足实际、多措并举，积极探索以人为本的多元主体"参与式规划"，以及确保实施的多途径实现资金平衡和项目有序运作，创新社会治理新路径，擘画美好生活新蓝图。

7.1　以人为本：多元主体"参与式规划"

　　目前，已发布的相关政策中进一步加强了居民对旧区改造的公众参与度，如《上海市旧住房综合改造管理办法》规定："改造实施计划编制后，区房屋管理部门应当告知公有房屋产权单位或者业主委员会，由公房产权单位或者业主委员会征求全体公房承租人或者业主的意见。在征得三分之二以上公房承租人或者业主同意后，公房产权单位或者业主委员会可以委托建设单位具体实施有关改造工作。"建设单位应当将项目设计方案和综合改造实施方案在改造项目范围内进行公示，并听取意见。设计方案与实施方案征得改造范围内业主以及三分之二以上公房承租人同意后，建设单位可与相关的业主签订改造协议。《上海市城市更新条例》中规定对于建筑结构差、年久失修、功能不全、存在安全隐患且无修缮价值的旧住房，经房屋管理部门组织评估，需要采用拆除重建方式进行更新的，拆除重建方案应当充分征求业主意见，并由项目建设单位与业主签订更新协议。在意见征询和签订协议过程中，人数和专有部分面积均达到 95% 以上的业主签约，协议生效。同时规定，旧住房采取成套改造方式进行更新时，经房屋管理部门组织评估需要调整使用权和使用部位，调整方案应当充分征求公房承租人意见，并报房屋管理部门同意。公房产权单位应当与公房承租人签订调整协议，并明确合理的补偿方案。签约比例达到百分之九十五以上的，协议方可生效。

　　总体来说，公众参与目前仍处于探索阶段，在已完成及正在开展的上海旧住房改造项目中，公众参与目前仍处于探索阶段，未形成统一的操作流程及标准，意见征询工作仍存在工作量大、周期长等问题，工作难度较大。未来建议公众参与应遵循"全覆盖、全流程、多样化"的原则，让每一位本地居民及利益相关人员、相关专家都加入公众参与的过程中；并使居民全流程参与，包括事前征询、方案设计、过渡安置、选房等各个阶段；通过多样化的方式，如问卷调查、访谈、座谈、意见征询会、网上征询等，展开形式多样的公众参与。此外，进一步加强街道旧区改造办的工作能力，并鼓励居民自治组织的成立及参与，如居民委员会、NPO 组织、城市规划组织等，既有利于更加充分地了解居民需求，又能发挥民间力量的作用，拓展融资渠道。

7.1.1　引入民间力量推动公众参与

　　目前，上海各街道旧区改造办是公众参与的组织者，负责具体做居民的意见征询工作。意见征询主要涉及选房方式、过渡安置、补偿标准等涉及居民利益的方面，例如彭三五期中，签约前就召开了十余场居民动员会，向居民讲解政策依据、改造范围、安置方案、补贴标准、奖励标准等相关信息。借鉴国外经验，社区自治团体在旧房改造中发挥了巨大的力量。例如，奥地利的旧房改造全部由社区进行具体的实施操作；日本积极推进"地域管理"事业，形成了诸多类似住户委员会、非营利性组织、规划设计组织和协会团体等自治组织。一方面，相关专业人才在充分了解当地居民需求的基础上，为社区制定改造计划及方案；另一方面，居民自治组织与开发商形成更新力量组合，用来筹集资金。在改造过程中，政府充当协助支持的作用，并提供公共设施建设补助。

此外，旧区改造这项复杂多元的工作，往往是一个长期、持续、动态的过程，往往与居民的切身利益紧密相关，其间遇到的问题往往都是居民直接关心的，依托社区规划师等专业力量，深入社区踏勘访谈，充分收集各类居民意见，促进形成更具安全感、归属感、成就感和幸福感的社区。

7.1.2　由非营利机构作为改造主体

从国际经验来看，解决公共住房难题的有效途径是建立介于政府和私人机构之间的第三方，参与公共住房的开发、建设、管理与改造。[1]这些非营利机构的资金主要来源于政府，例如奥地利由政府提供资助资金，以及优惠贷款，并且免除部分税收；新加坡政府则是给予二十年的长期贷款和财政资金补贴。除此之外，这些机构也会通过一些市场化的手段进行资金平衡，如荷兰社会住房组织通过少量开发高端租赁房及平价商品房，补贴改造费用；日本政府机构通过土地区划的方式将部分土地出让给开发商，通过市场化操作的方式筹集资金。

---

[1] 钟庭军. 论我国转轨时期公共住房制度的含义[J]. 湖北经济学院学报，2010(6)：74-78.

7.2　确保实施：多途径实现资金平衡和项目有序运作

旧区改造项目普遍存在资金投入大、回报周期长、融资成本高等情况，成本收益倒挂问题十分突出。目前上海市旧区改造资金来源主要为政府以及有受惠的居民，而且绝大部分都是由政府出资，政府承担较大压力，建议未来项目的资金来源可通过新增住宅的可售部分由政府以优惠价回购，作为保障性住房，后续的租金也作为旧区改造项目的资金补充，不足资金由市区两级财政补贴，同时还可以考虑公有住房出售净归集资金及其增值收益、地下车库的出售出租等其他的资金来源。

例如，彭三小区的主要投资是在新建部分以及小区环境的改善。改造后可回笼资金主要是新增住宅的可售部分，再加上增加地下车库的出售出租等回笼资金，剩余不足部分通过政府适当的补贴予以解决。这样，平均每户不成套居民只需投入补贴 6 万元，共投入 1.2 亿元左右即可实现该小区整体改造费用的基本平衡，同时还完成了社区配套设施及原来成套住房的综合改造。

资金平衡方面，研究引入市场化机制，探索出资模式、融资方式、项目运营多种方式可能。例如，通过政府、产权单位、居民、社会资本等多方共担的出资模式，以及居民将公房买入成为售后产权房的这部分购房款也可用做改造资金等方式，减少相关主体的出资压力；通过银行公开竞价、一二级联动等方式，控制融资成本；充分发挥政府统筹协调、组织引导的作用，在全区范围内进行资金平衡，通过长期运营收益平衡先期改造的成本；通过旧改项目与资源地的捆绑，辅以开发容量转移、税收优惠等政策支持手段，通过改造后房屋增量的市场化运作方式，实现项目投入成本和潜在收益之间的资金平衡。

项目运作机制方面，结合我国国情，旧区改造项目由政府主导，具体的改造工作由街道旧区改造办组织实施。政府应编制旧区的改造规划，以统筹资源，平衡利益，有序推进改造工作，具体负责改造对象的标准划定、改造方案的审批、改造资金的提供等工作。街道旧区改造办负责具体操作，包括事前征询、签订协议、过渡安置、回搬选房等。此外，还应本着政策制定是关键、居民需求是基础、社会参与是必要的原则，统筹各方力量，共同推进旧区改造的顺利实施。

结语

可持续推进城市更新
与改善民生

　　自 2017 年以来，中国城镇化率均已超过 60%[①]，我国城市发展已由"增量扩张为主"转为"存量更新为主"的新阶段。2021 年发布的《中华人民共和国国民经济和社会发展第十四个五年规划和 2035 年远景目标纲要》将"城市更新"上升为国家战略，并指出："加快转变城市发展方式，统筹城市规划建设管理，实施城市更新行动，推动城市空间结构优化和品质提升。"这也是"城市更新"一词首次出现在国民经济和社会发展五年规划里，并上升到国家战略层面。而后几年，国家层面以及上海、深圳等多个城市陆续发布了城市更新相关政策文件，提出了坚持"留改拆"并举、以保留利用提升为主，严管大拆大建。存量时代我国的城市更新，更加紧迫地面向自身资源盘活、空间利用、利益协调、品质提升等方面的挑战，从"拆、改、留"到"留、改、拆"这一战略性转变，不仅是城市发展方式的转变，更是不断满足人民对美好生活的向往和需求。

　　旧区改造事关民生改善、事关城市安全，其紧迫性和重要性不言而喻。自 20 世纪 90 年代起，上海旧区改造先后经历了"365"危棚简屋改造和"成片二级旧里以下房屋改造"两个阶段。为解决突出的市民居住矛盾，20 世纪 90 年代上海旧区改造方式以"拆除重建为主"，以世博园区、轨道交通等重大市政基础设施项目的拆迁为契机，改造方式转变为"拆、改、留并举"，并一直持续至 2016 年。在这期间的旧区改造工作极大地改善了原来人均居住面积过小、人口密度过多、配套设施和公共空间短缺的情况，也出现了大量的历史建筑被拆除、城市肌理和城市风貌受到较大影响等问题。截至 2012 年，

---

① 根据中华人民共和国国家统计局统计数据，中国城镇化率 2017 年为 60.24%，2018 年为 61.50%，2019 年为 62.71%，2020 年为 63.89%，2021 年为 64.72%，2022 年为 65.22%。综合相关研究，发达国家城镇化率达到 60% 以后城镇化速度会出现开始陆续放缓。

据不完全统计，历史上遗留下来的约 4 500 万平方米的历史建筑中，已经近 2/3 不复存在，1949 年全市 9 214 条里弄也仅剩下不到 1 000 条。[①] 截至 2017 年，经全面普查上海中心城区 50 年以上历史建筑情况，这些历史建筑的建筑面积仅为 2 559 万平方米。2017 年，上海市委、市政府提出旧区改造方式由"拆改留并举，以拆除为主"，调整为"留改拆并举，以保留保护为主"，上海旧区改造在经历早些年的大拆大建后，开始探索与城市历史风貌保护相互促进的新路，同时还积极试点美丽家园等方式，尽最大可能传承城市记忆、延续历史文脉，提升市民居住品质。与此同时，各区也已经开展了相关的试点项目进行大胆的尝试、探索和创新。自 2023 年以来，上海将继续全面推进"两旧一村"改造，既往的旧区改造经验对促进上海各区推广老房子的成套改造具有深远的意义。然而超大城市上海，仍然存在一边是摩肩接踵的高楼，一边有百姓蜗居在逼仄旧里的现象，持续推进旧改，尽快改善居民居住条件和生活质量，是上海面前的重要"考题"。

2023 年，为推动城市高质量发展，创造高品质生活，实现高效能治理，上海市制定《上海市城市更新行动方案（2023—2025 年）》，坚持"留改拆"并举，以保留、利用、提升为主，统筹全要素管控和推动区域整体更新；坚持以人民为中心，充分考虑儿童、老年人、残疾人等各类特殊群体需求，着力补齐民生短板。同时，2023 年也是上海市政府全面推进"15 分钟社区生活圈"建设行动部署的一年，旨在打造"宜居、宜业、宜游、宜学、宜养"的社区生活圈，解决老百姓的急难愁盼问题。在这些新时期背景下，本书希望通过梳理上海旧区改造发展历程，通过对国内外经验的借鉴，在政策供给、

---

① 郑时龄. 上海的建筑文化遗产保护及其反思[J]. 建筑遗产,2016(1): 10-23.

规划管控和行动创新等方面予以总结并提出相关建议，引导从物质空间层面过渡到兼容社会文化等层面，为规范性文件的制定提供一定依据，改善居民生活条件，维护原有社区的邻里关系，不断增强居民的获得感、幸福感和安全感。

旧区改造，切实解决了事关人民群众切身利益的基本民生问题，不仅让居民群众的居住质量和获得感显著提高，还保护和传承了城市历史文脉，优化了城市用地结构。未来，上海将继续践行人民城市重要理念，持续增进民生福祉，让更多老百姓早日实现"安居梦"。

参考文献

［1］迟英楠. 上海旧区更新改造的规划策略与机制研究［J］. 上海城市规划,2021,4(4):66–71.

［2］莫霞. 城市设计与更新实践:探索上海卓越全球城市发展之路［M］. 上海:上海科学技术出版社,2020.

［3］刘冰. 城市更新十大原则——为了更好的上海［J］. 城市规划学刊,2018(1):121–122.

［4］王婷,董征. 上海市旧住房成套改造模式研究［C］//中国城市规划学会. 共享与品质——2018中国城市规划年会论文集(02城市更新). 杭州:中国城市规划学会,2018:11.

［5］於晓磊. 上海旧住宅区更新改造的演进与发展研究［D］. 上海:同济大学,2008.

［6］钟晓华,周俭. 遗产在城市更新中的角色演变——解读上海中心城区"旧改"进程中的三个案例［J］. 城乡规划,2012(1):113–120.

［7］莫霞,王剑. 城市核心地段历史文化风貌区的保护与发展——以上海市张家花园地区规划实践为例［J］. 城乡规划,2018(4):41–48.

［8］莫霞,魏沅. "留改拆"导向下历史风貌区控规编制策略探索——以上海市静安区张园地区规划实践为例［J］. 上海城市规划,2023(3):53–61.

［9］成元一. 聚焦公共要素的城市更新机制探讨——以上海市杨浦区长白社区228街坊"两万户"项目为例［J］. 上海城市规划,2017(5):51–56.

［10］王文斌. 上海市旧区改造的对策研究——以虹口区为例［D］. 上海:复旦大学,2013.

［11］沈爽婷. 从"三旧"改造到城市更新的规划实施机制研究——以广州市为例［D］. 广州：华南理工大学，2020.

［12］索健. 中外城市既有住宅可持续更新研究［D］. 大连：大连理工大学，2014.

［13］唐露园，何丹. 日本东京住宅建设发展新特征及评述［J］. 上海城市规划，2016（3）：64-69.

［14］曹立强，陈必华，吴炳怀. 城市不成套危旧住宅原地改造方式探索——以上海闸北区彭三小区的实践为例［J］. 上海城市规划，2013（4）：78-83.

［15］上海市房屋建筑设计院有限公司. 上海市闸北区彭浦社区单元控制性详细规划（实施深化）局部调整［R］. 2012.12.

［16］王东寰，范长江. 对城市更新旧住房成套改造的思考——以上海市武宁路74弄城市更新项目为例［J］. 上海房地，2018（7）：27-29.

［17］黄静，王诤诤. 上海市旧区改造的模式创新研究：来自美国城市更新三方合作伙伴关系的经验［J］. 城市发展研究，2015，22（1）：86-93.

［18］李华星. 上海地区旧住房成套改造研究［J］. 住宅科技，2016，36（4）：50-52.

［19］姚芳. 拆除重建：创新旧区改造模式的实践与探索［J］. 学理论，2009（8）：54-55.

［20］毛佳樑. 开拓进取，认真探索，加快推进上海中心城旧区和旧住房改造工作［J］. 上海城市规划，2008（3）：1-3.

［21］刘珊，吕斌. "团地再生"的模式与实施绩效——中日案例的比较［J］. 现代城市研究，2019，34（6）：118-127.

［22］王艳飞. 上海市旧区改造工作机制评析［J］. 城乡建设，2018（2）：44-46.

［23］上海市住房保障和房屋管理局、上海市规划和国土资源管理局. 上海市旧住房拆除重建项目实施管理办法［Z］. 2018-01-10.

［24］上海市人民政府办公厅关于印发《上海市城市更新行动方案（2023—2025年）》的通知［J］.上海市人民政府公报,2023（3）:2–7.

［25］上海市人民政府印发《关于坚持留改拆并举深化城市有机更新进一步改善市民群众居住条件的若干意见》的通知［J］.上海市人民政府公报,2018（2）:5–8.

［26］上海市人民政府办公厅印发《关于加快推进本市旧住房更新改造工作的若干意见》的通知［J］.上海市人民政府公报,2021（5）:9–14.

［27］徐毅松.上海城市更新的思考与探索［N］.新闻晨报A13,2015–06–19.

［28］郑时龄.关于上海城市更新的思考［J］.建筑实践,2019（7）:8–11.

［29］陈洋,范冬梅,华佳,等.上海推进城市有机更新的新思路和新举措［J］.科学发展,2019（12）:90–100.

［30］伍攀峰,魏沅,莫霞.面向城市更新演进的上海旧住房改造措施研究［J］.时代建筑,2020（1）:28–32.

［31］许菁芸.上海新一轮旧区改造的体制机制与规划创新探讨［J］.上海城市规划,2023（4）:52–56.

致　谢

　　世间所有美好的事情大抵均源于坚持，尤其是在长期的城市更新与规划设计专业领域的实践中，更需要以居民的真实需要为出发点和根本点，尊重城市发展的客观规律，持续且深入地进行探索。这一过程中离不开多类型的技术方法、多层次的技术手段的运用，也离不开对于社会生活、制度和行动决策相关的认知与融合，以更好地理解和应对项目中的重点及难点问题。我们团队近十年来一直积极参与城市更新各类型项目实践与课题研究，伴随着上海城市更新工作的持续推进，在专业领域和实践层面有所成长，尤其是持续关注旧区改造相关的惠民生、提品质和促保障，结合自身所完成的多类型旧区改造项目，进行经验总结，开展课题研究。这一过程更像是"陪伴式"的，将点滴"小确幸"汇聚成"大幸福"，也因此促成了本书的形成——希望本书的内容也是"有温度"与"可阅读"的，能够对城市更新、旧区改造工作等提供一定的借鉴与参考。

　　在本书出版之际，我们郑重感谢为其作序的专家赵民、伍攀峰；感谢曾为本书相关内容给予指导与帮助的业内专家，如指导本书内容相关市局级课题项目的专家叶贵勋、苏功洲、曹嘉明、黄立勋、林巍，指导本书内容相关市住建委课题项目的专家李俊豪、潘海啸、罗翔，以及陈青长、姚栋、陈建洲等专家同行；感谢罗镔、王璐妍、王慧莹、张强、可怡萱、李磊、苏博昊、陈喆、王怡菲、亚萌、蒲佳茹等同事、朋友的支持和帮助；感谢为本书封面题字的书法家刘慈黎等。同时特别感谢为本书付梓耗费心力的上海科学技术出版社，感谢上海文化发展基金会图书出版专项基金的资助。

　　本书得以付梓，还要特别感谢华建集团现代院各位领导与同事的大力支持和帮助。正是借助集团、院的优势平台和多专业力量，我们得以不断深化专业知识，进步提升，并尝试将科研与实践紧密结合，在日常工作中不断积淀、总结思考，关注城市更新发展过程中如何促进城市经济、社会与文化的整体可持续发展，希望多维度地记录和总结上海城市更新、旧区改造中的鲜活实践，探索在上海这样的超大城市如何构建高品质生活空间，力求助力书写人民城市的"上海答卷"。

　　城市更新，历久弥新；从容沉淀，历久弥新。

编委会名单

总　编　程志毅　吴　波　谢自强

编　委　（以姓氏笔画为序）

　　　　丁小猷　卢　军　吕　忠　华冠贤

　　　　刘宪英　杨　东　李怀玉　何　丹

　　　　张　军　张智强　陈本义　赵本坤

　　　　秦晋蜀　莫天柱　夏吉均　彭成荣

　　　　董孟能　廖袖锋

序

建设资源节约型、环境友好型社会是党中央、国务院根据我国新时期的社会、经济发展状况作出的重大战略部署,是加快转变经济发展方式的重要着力点。推进三大用能领域之一的建筑节能已成为建设领域实现可持续发展和实施节约能源基本国策的重大举措。

重庆市城乡建设委员会自1998年开始推进建筑节能工作,积极开展技术创新和管理机制创新,着力完善建筑节能的政策、技术、产业三大支撑体系,在新建建筑执行建筑节能标准管理、国家机关办公建筑及大型公共建筑节能监管体系建设、可再生能源建筑应用示范城市和示范县建设、民用建筑节能运行管理、推进既有建筑节能改造和发展低碳绿色建筑6个方面取得了显著成效,在转变建设行业发展方式、创新建筑节能监管制度、强化科技支撑、提升建筑节能实施能力、完善经济激励机制、形成建筑节能工作体系6个方面创造了很多工作经验,特别是建立了完善的地方建筑节能标准体系、积极推进墙体自保温技术体系规模化应用、有效推行能效测评标识制度,以及率先在南方地区规模化推进既有建筑节能改造等,为全国推进建筑节能提供了范例,得到住房城乡建设部的高度评价,实现了经济效益、社会效益和环境效益的统一。

为加快"两型"社会建设,"十二五"期间国家和重庆政府都对建筑节能提出了更高的要求,《重庆市国民经济和社会发展第十二个五年规划纲要》已将实施建筑节能、发展低碳建筑列为"十二五"时期建设"两型"社会的重要工程项目,到"十二五"期末,重庆要累计形成年节能446万吨标煤,减排当量CO_2 1 016万吨的能力,任务艰巨而光荣。但建筑节能贯穿于建筑物设计、建造和运行使用的全过程,涉及政策制定、技术研发、标准编制、工程示范、产业发展、经济激励和监督执行等方方面面,其专业性、技术性、政策性强,涉及面广、协调工作量大,是一个复杂的系统工程,要确保完成目标任务,必须加强建筑节能的实施能力建设,通过系统教育,不断提升行政管理人员、工程技术管理人员和施工工人三个层面的建筑节能从业人员的技术、管理水平和操作能力。

为此,我委组织编写出版了《建筑节能管理与技术丛书》,按照国家建设资源节约型、环境友好型社会的要求,以建筑节能法律法规、技术标准为主线,系统总结了建筑节能管理、设计、施工及验收、材料与设备、检测和运行管理等方面的工作要求、技术规定和基本知识,共计6册,为城乡建设主管部门以及广大建设、设计、审图、施工、监理、检测及材料生产、供应单位的主要管理和技术人员提供一套集权威性、系统性、实用性为一体的工具书,作为全市开展建筑节能培训教育的专用教材,以期对建筑节能事业的全面发展作出应有的贡献。

希望建设行业从业人员加强学习,不断适应新形势,把握新机遇,满足新要求,围绕城乡建设可持续发展,开拓创新,为建设资源节约型、环境友好型社会作出积极贡献。

程志毅

重庆市城乡建设委员会党组书记、主任

二〇一二年五月

前　言

　　建筑节能是建设领域实现可持续发展和实施节约能源基本国策的重大举措,是建设领域贯彻落实科学发展观的内在要求。为规范建筑节能设计,提高建筑节能设计水平,确保建筑节能设计标准得以贯彻实施,自推动建筑节能之初,重庆市城乡建设委员会就高度重视建筑节能设计标准体系建设、建筑节能技术研发及建筑节能宣贯培训工作,在完善建筑节能设计标准体系、开展适宜性建筑节能新技术和新材料等方面开展了一系列创新性的工作,在全国率先实施并推广了墙体自保温技术,建立了建筑节能设计质量自审责任制度,并连续两年组织实施了建筑节能专项考试,成效显著。

　　在认真总结重庆市建筑节能设计和实施过程中取得的成功经验的基础上,结合工作实践和需要,由中煤科工集团重庆设计研究院主持编写了《建筑节能设计》。该书是《建筑节能管理与技术丛书》之一,主要介绍了重庆现行建筑节能设计标准、管理规定的执行情况和设计、管理技术要点,共分 10 章。其中,第 1 章主要介绍建筑节能的相关设计依据,第 2 章和第 3 章主要介绍建筑节能设计各阶段的设计要点,第 4 章和第 5 章主要介绍建筑节能对保温材料和外墙饰面材料的要求,第 6 章主要介绍建筑节能设计施工图审查要点及设计交底要求,第 7 章主要介绍建筑节能常见问题及优化方法,第 8 章和第 9 章主要介绍既有建筑节能改造技术和推荐节能技术,第 10 章主要介绍节能设计深度要求及案例。本书作为全市开展建筑节能培训的专用教材,为建筑节能从业人员提供系统、全面、实用的参考,以期对全市建筑节能的发展作出应有的贡献。

　　本书由谢自强担任主编,彭成荣、夏吉均、李怀玉担任副主编,由谢自强、李怀玉统稿。本书写作的具体分工为:建筑专业由谢自强、李怀玉、龙源编写;暖通专业由吴敏编写;电气专业胡萍编写;给水排水专业由周玲玲编写。本书的审核工作主要由余吉辉、刘宪英完成。

　　本书在编写过程中得到了重庆市相关建筑节能专家的大力支持,并参考了市内外建筑节能的相关文献资料,在此一并感谢!

　　由于时间和水平有限,加之建筑节能技术的发展日新月异,书中遗漏和不妥之处恳请广大读者指正。

编　者

2012 年 5 月

目 录

1

第1章 设计依据

根据重庆地区建筑节能发展及应用现状,列出了当前建筑节能设计中可能涉及的相关国家和地方标准、图集、管理规定及验收标准,设计时根据具体项目进行合理选用。

1.1 设计标准

(1)《民用建筑热工设计规范》GB 50176—93

(2)《夏热冬冷地区居住建筑节能设计标准》JGJ 134—2010

(3)《公共建筑节能设计标准》GB 50189—2005

(4)《公共建筑节能设计标准》DBJ 50—052—2006

(5)《居住建筑节能 50% 设计标准》DBJ 50—102—2010

(6)《居住建筑节能 65% 设计标准》DBJ 50—071—2010

(7)《无机保温砂浆建筑保温系统应用技术规程》DBJ 50—103—2010

(8)《蒸压加气混凝土建筑应用技术规程》JGJ/T 17—2008

(9)《蒸压加气混凝土砌块应用技术规程》DBJ 50—055—2006

(10)《外墙外保温工程技术规程》JGJ 144—2004

(11)《种植屋面技术规程》DBJ/T 50—067—2007

(12)《建筑反射隔热涂料外墙保温系统技术规程》DBJ/T 50—076—2008

(13)《节能彩钢门窗应用技术规程》DBJ/T 50—089—2009

(14)《建筑外门窗气密、水密、抗风压性能分级及检测方法》GB/T 7106—2008

(15)《节能型烧结页岩空心砌块应用技术规程》

(16)《岩棉板薄抹灰外墙外保温系统应用技术规程》(DBJ 50/T—141—2012)

(17)《复合酚醛板外墙外保温系统应用技术规程》(在编)

(18)《全轻混凝土楼地面保温系统应用技术规程》(在编)

(19)《建筑给水排水设计规范》GB 50015—2003(2009 年版)

(20)《节水型生活用水器具》CJ 164—2002

(21)《建筑照明设计标准》GB 50034—2004

(22)《采暖通风与空气调节规范》GB 50019—2003

(23)《民用建筑设计通则》GB 50352—2005

(24)《建筑门窗用通风器》JG/T 233—2008

(25)《民用建筑电气设计规范》JGJ 16—2008

(26)《家用和类似用途电器噪声限值》GB 19606—2004

(27)《通风机能效限定值及能效等级》GB 19761—2009

(28)《清水离心泵能效限定值及能效等级》GB 19762—2007

(29)《通风与空调工程施工及验收规范》GB 50243—2002

1.2 管理规定

(1)《重庆市建设委员会关于进一步加强我市新建建筑节能管理工作的通知》（渝建发〔2009〕69号）

(2)《重庆市建设委员会关于执行居住建筑节能设计标准有关事项的通知》（渝建发〔2010〕68号）

(3)《关于印发〈民用建筑外保温系统及外墙装饰防火暂行规定〉的通知》（公通字〔2009〕46号）

(4)《关于加强民用建筑保温系统防火监督管理的通知》（渝建〔2010〕158号）

(5)《关于加强新型外墙饰面砖系统应用管理的通知》（渝建发〔2009〕161号）

(6)《重庆市建设领域限制、禁止使用落后技术通告》（一～六号）

(7)《关于印发重庆市建筑能效测评与标识管理办法的通知》（渝建发〔2008〕19号）

(8)《关于加强建筑节能工程施工图设计文件审查合格后的重大变更管理的通知》（渝建发〔2008〕39号）

(9)《关于建立建筑节能设计质量自审责任制的通知》（渝建〔2010〕160号）

(10)建设部关于发布建设事业"十一五"推广应用和限制禁止使用技术（第一批）的公告（中华人民共和国建设部公告第659号）

(11)《关于禁止使用可燃建筑墙体保温材料的通知》（渝建发〔2011〕22号）

(12)《关于加强民用建筑保温隔热工程防火安全管理的通知》（渝建发〔2012〕74号）

1.3 标准图集

(1)《墙体节能建筑构造》06J123

(2)《蒸压加气混凝土砌块自保温墙体建筑构造图集》DJBT—039—08J07

(3)《JN节能型烧结页岩空心砌块自保温墙体建筑构造图集》DJBT—040—08J08

(4)《陶粒混凝土空心砌块自保温墙体建筑构造图集》（在编）

(5)《纤维增强轻质混凝土屋面保温构造》DJBT—036—08J04

(6)《节能彩钢门窗》DJBT—051—10J04

(7)《外墙外保温建筑构造》10J121

(8)《岩棉板外墙外保温系统建筑构造》（在编）

(9)《复合酚醛板外墙外保温系统建筑构造》（在编）

(10)《建筑通风器》（自然通风器）DJBT—054—10J07

(11)《建筑通风器》（户式机械通风系统）DJBT—055—10J08

(12)《地表水水源热泵》DJBT—056—10J09

1.4 验收标准

(1)《居住建筑节能工程施工质量验收规程》DBJ 50—069—2007

(2)《公共建筑节能工程施工质量验收规程》DBJ 50—070—2007

(3)《建筑节能工程施工质量验收规范》GB 50411—2007

(4)《民用建筑门窗安装及验收规程》DBJ 50—065—2007

第2章 规划设计阶段的节能设计控制要点

2.1 总平面布置

①建筑群或建筑总平面布置和设计,应充分考虑重庆地区的地理、气候环境,利用本地区夏季的主导风向及特殊地形环境气流,组织和创造良好的建筑自然通风环境,并应考虑冬季利用日照,夏季避免主要房间西晒。

②住宅小区在满足城市规划要求的前提下,应尽量减少硬化地面,增加绿地与水域,改善居住小区内夏季室外热环境。

③居住区绿化应采用集中与分散相结合的方式,以本土植物造景为主,结合屋顶、墙身、堡坎、护坡等形成立体绿化,充分利用植物实现夏季遮阳,利于节能。

④公共建筑总平面的布置和建筑内部平面设计,应合理确定冷热源和风机机房的位置,尽可能缩短冷热源和风系统的输送距离。

2.2 建筑专业方案节能设计

2.2.1 朝向

建筑朝向的不同对建筑的室内温度环境有重要的影响。因此,在方案设计阶段,对建筑朝向的合理控制将对建筑节能起到十分明显的作用。

建筑主要朝向宜南北向或接近南北向布置,总平面布置应有利于日照、采光和自然通风。采暖空调房间宜朝南偏东15°至南偏西15°,不宜超出南偏东45°至南偏西30°的范围。

2.2.2 体形系数

建筑物的体形系数对建筑节能效果有直接的影响。一般而言,体形系数越大,建筑的外表面积就大,得热和散热的情况就越明显,就越不利于建筑节能。而建筑的体形系数在建筑方案确定时就基本确定了,因此,体形系数应该是建筑方案阶段节能设计的控制要点之一。

居住建筑应控制建筑物的外表面积,减少凹槽与架空设置,使体形系数满足居住建筑节能设计标准的规定,限值如表2.1所示。

表2.1 居住建筑体形系数限值

建筑层数	≤3层	4~6层	≥7层
建筑的体形系数	≤0.55	≤0.45	≤0.40

一般高层建筑体形系数建议不超过0.45,尽量控制在0.4以内,使围护结构建筑节能易于实现。

2.2.3 窗墙面积比

建筑窗墙面积比是影响建筑节能效果的重要指标之一。夏季,重庆地区东西朝向的外窗对室内温度有着十分明显的影响。因此,从建筑节能角度出发,建筑的窗墙面积比是方案设计阶段建筑节能应重点控制的因素之一。

根据居住建筑节能设计标准规定,朝向窗墙面积比应满足表 2.2 的要求,其中各朝向的范围如图 2.1 所示。窗户面积包含阳台门、厨房门等透明部分外门,封闭阳台的外窗应计入该朝向外窗面积。一般情况下,建议窗墙面积比不超过 0.3,否则对外窗热工性能要求较高。

表2.2 不同朝向窗墙面积比的限值

朝　　向	窗墙面积比
北	≤0.45
东、西	≤0.30
	≤0.50(有活动外遮阳)
南	≤0.50

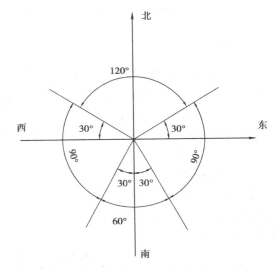

图2.1 朝向范围示意图

2.2.4 自然通风

建筑方案设计中若能很好地实现建筑自然通风,则会大幅降低建筑的实际使用能耗,用最小的代价就能实现最大的建筑节能效果,这是最值得推荐的建筑节能设计路线之一。在现阶段,可以通过合理设置门窗洞口位置和控制最小的通风开口面积等简单的方法来达到自然通风的要求。

平面设计时,房间门窗洞口位置应有利于夏季穿堂风的形成。每套住宅的通风开口面积不应小于地板轴线面积的 5%,以满足夏季、过渡季节通风降温的要求,从而达到节能的目的。

执行居住建筑节能 65% 设计标准的建筑尚需满足以下三点要求:

①居住建筑每户在通风季节应达到 10 次/h 的通风换气量。

②自然通风的进、排风口在采暖和空调季节应能关闭。

③每个采暖空调空间应按采暖和空调季节卫生通风的要求,设置卫生通风口或进行机械通风,卫生通风口应有防雨、隔声、防虫的功能,净面积 S_{min} 应满足下式要求。

$$S_{min} \geq 0.001\ 6s$$

式中　S_{min}——卫生通风口净面积，m^2；

　　　s——该空间的地板轴线面积，m^2。

居住建筑节能设计标准在空调采暖季节都是以 1 次/h 的换气次数为判断基准，而节能设计标准对门窗的气密性又作了明确要求，因此，在门窗关闭的情况下，仅通过门窗缝隙渗透难以满足 1 次/h 的换气次数要求，导致房间空气质量下降，室内人员感觉不适（常说的"空调病"）。通常人们为了达到舒适的要求，在开启空调的同时打开门窗进行换气，造成了能源的极大浪费，节能效果被大大消减。

为保证建筑节能效果，又不牺牲室内空气品质，居住建筑节能 65% 设计标准明确要求空调采暖房间必须设置专用的自然通风装置或机械通风装置，具体设置方法详见 3.1.3 节。

2.2.5　遮阳

建筑遮阳可分为固定式外遮阳和活动外遮阳两大类。固定式遮阳在夏季能有效降低空调能耗，但在冬季需要采暖时反而减少太阳辐射热的吸收。因此，活动外遮阳是目前能有效降低建筑能耗的措施之一，尤其针对夏热冬冷地区。居住建筑节能设计标准明确规定：东偏北 30°至东偏南 60°、西偏北 30°至西偏南 60°范围的外窗（包括幕墙）宜设置可以遮住窗户正面的活动外遮阳，南向的外窗（包括幕墙）宜设置水平遮阳或可以遮住窗户正面的活动外遮阳。为了引导和鼓励活动外遮阳的推广应用，重庆地方建筑节能设计标准还明确了当设置展开或关闭时能完全遮住窗户正面的活动外遮阳时，则视为设计完全满足标准中的遮阳系数的要求。其中卷帘、百叶窗、中空百叶玻璃等可取修正系数对传热系数进行修正，修正系数取值如表 2.3 所示。

表 2.3　正面活动外遮阳的外窗传热系数修正系数

外遮阳	卷　帘	中空百叶玻璃	百叶窗
修正系数	0.85	0.90	0.95

公共建筑节能设计标准也对各种遮阳措施作了要求，节能设计时对外窗传热系数修正系数取值可参考居住建筑节能设计标准执行。

2.3　采暖、通风和空调专业方案节能设计

2.3.1　空调系统冷热源形式

①是否有可能采用水源热泵或地源热泵；
②经技术经济比较确定适合本工程的冷热源。

2.3.2　居住建筑采暖空调通风换气方式

经技术经济比较，确定采用自然通风器或户式机械通风系统。

2.4　电气专业方案节能设计

在方案设计中应有节能措施说明：

①说明供配电系统设计节能情况；

②说明电气照度值及 LPD 值应符合《建筑照明设计标准》GB 50034—2004 的规定；

③说明配电、照明系统应选择高效、节能型设备。

2.5　给排水专业方案节能设计

在方案设计中,应有节能措施说明：

①说明充分利用市政供水管网水压供水的方式；

②说明采用的高效节水设备；

③说明不同建筑类型及同一建筑不同使用性质的给水系统应分别设计计量装置；

④说明绿化等灌溉系统,应推广设计微灌、渗灌、滴灌系统；

⑤说明选用的卫生洁具(含水嘴、便器系统、便器冲洗阀、淋浴器等)必须符合《节水型生活用水器具》标准；

⑥说明公用卫生间洗面盆,小便斗宜采用光电感应冲洗阀,除公用卫生间外,大便器冲洗水箱应采用 3~6 L 两挡型冲洗水箱；

⑦是否有可能采用热泵热水机组作为生活热水的热源。

第3章 初步设计及施工图设计阶段节能设计要点

3.1 现行节能设计标准的强制性条文规定及要求

重庆市现行节能设计标准主要指《居住建筑节能 50% 设计标准》（DBJ 50—102—2010）、《居住建筑节能 65% 设计标准》（DBJ 50—071—2010），以及《公共建筑节能设计标准》（DBJ 50—052—2006）。公共建筑节能设计在不完全满足标准规定指标时，可通过动态权衡计算来满足节能设计标准要求；而居住建筑节能设计在不完全满足规定指标时，不仅要进行动态权衡计算，还必须满足一些最低门槛要求，即综合判断强制性条文。因此，本节介绍的强制性条文指居住建筑节能设计标准的相关强制性条文。

3.1.1 建筑围护结构热工性能综合判断强制性条文规定

居住建筑节能设计标准条文 5.0.1 规定：当设计建筑不符合本标准第 4.1.3 条、第 4.2.1 条、第 4.2.2 条、第 4.2.4 条中各项规定时，应按本章的规定对设计建筑围护结构的热工性能进行综合判断。综合判断必须满足以下条件方可进行：

①外墙平均传热系数 $\leqslant 1.5$ W/($m^2 \cdot$ K)；

②执行建筑节能 50% 设计标准时，屋面平均传热系数 $\leqslant 1.0$ W/($m^2 \cdot$ K)；执行建筑节能 65% 设计标准时，屋面平均传热系数 $\leqslant 0.8$ W/($m^2 \cdot$ K)；

③底面接触室外空气的架空或外挑楼板的平均传热系数 $\leqslant 1.5$ W/($m^2 \cdot$ K)，分户墙平均传热系数 $\leqslant 2.0$ W/($m^2 \cdot$ K)，户门传热系数 $\leqslant 2.5$ W/($m^2 \cdot$ K)，执行建筑节能 65% 设计标准时，还应满足分户楼板传热系数 $\leqslant 2.5$ W/($m^2 \cdot$ K)；

④外窗传热系数 $\leqslant 4.0$ W/($m^2 \cdot$ K)；

⑤当任一朝向窗墙面积比 $\geqslant 0.4$ 时，执行建筑节能 50% 设计标准，需满足该朝向外窗传热系数 $\leqslant 3.2$ W/($m^2 \cdot$ K)；执行建筑节能 65% 设计标准，需满足该朝向外窗传热系数 $\leqslant 2.8$ W/($m^2 \cdot$ K)；

⑥当任一采暖空调开间窗墙面积比 $\geqslant 0.55$ 时，执行建筑节能 50% 设计标准，需满足该开间外窗传热系数 $\leqslant 2.7$ W/($m^2 \cdot$ K)；执行建筑节能 65% 设计标准，需满足该开间外窗传热系数 $\leqslant 2.5$ W/($m^2 \cdot$ K)。

针对该条文规定有以下五方面设计要点：

①常用的 200 mm 厚外墙必须作保温隔热处理才能满足最低外墙平均传热系数的要求。具体分析如下：a. 200 mm 厚烧结页岩空心砖（导热系数 0.54 W/(m·K)）双面水泥砂浆抹灰后传热系数为 1.55 W/($m^2 \cdot$ K)，即便不考虑热桥梁柱，外墙传热系数也大于 1.5 W/($m^2 \cdot$ K)，不满足综合判断的条件；b. 200 mm 厚加气混凝土砌块（导热系数 0.18 W/(m·K)，修正系数取 1.25）双面水泥砂浆抹灰后传热系数为 0.92 W/($m^2 \cdot$ K)，

200 mm 厚钢筋混凝土热桥梁柱双面水泥砂浆抹灰后传热系数为 3.16 W/(m²·K),考虑 30% 为热桥梁柱、70% 填充墙体,则外墙平均传热系数为 1.59 > 1.5 W/(m²·K),不满足综合判断的条件,而一般剪力墙结构热桥梁柱面积比例都超过 50%。因此外墙必须采取保温隔热措施。

②底面接触室外空气的架空或外挑楼板必须进行保温隔热处理才能满足架空楼板传热系数限值要求。100 mm 厚钢筋混凝土楼板双面抹灰后传热系数为 3.03 > 1.5 W/(m²·K),因此架空楼板必须采取保温隔热措施。

③对主城区执行居住建筑节能 65% 设计标准的项目,必须满足分户楼板传热系数 ≤ 2.5 W/(m²·K) 的要求,即该范围内的建筑分户楼板也应采取保温隔热措施。

④外窗宜采用中空玻璃窗。当外窗采用塑料窗框 +6 mm 厚透明单层玻璃时,传热系数为 4.9 > 4.0 W/(m²·K),其他型材单层透明玻璃传热系数更大;采用塑料窗框 +6 mm 厚 LOW-E 单层玻璃传热系数 <4.0 W/(m²·K) 的要求,但成本增量比用中空玻璃大,且单层玻璃的隔声性能明显低于中空玻璃窗。因此,外窗采用中空玻璃窗更利于节能和经济。

⑤当任一朝向窗墙面积比 ≥0.4 时或当任一采暖空调开间窗墙面积比 ≥0.55 时,该类建筑由于外窗增大导致能耗明显高于普通建筑,要达到节能效果,该朝向开间的外窗必须采用比普通塑钢窗热工性能更好的中空玻璃窗才能满足要求。

3.1.2 空调冷热源能效比判断强制性条文规定

①《居住建筑节能 50% 设计标准》(DBJ 50—071—2010)条文 6.0.2、《居住建筑节能 65% 设计标准》(DBJ 50—102—2010)条文 6.1.2:居住建筑采用集中采暖、空调系统时,应设计分室(户)温度控制及分户热(冷)量计量设施。

②《居住建筑节能 50% 设计标准》(DBJ 50—071—2010)条文 6.0.4、《居住建筑节能 65% 设计标准》(DBJ 50—102—2010)条文 6.1.4、《公共建筑节能设计标准》GB 50189—2005 条文 5.4.2:规定了采用电热锅炉、电热水器作为直接采暖和空调系统热源的限制条件。

③《居住建筑节能 50% 设计标准》(DBJ 50—071—2010)条文 6.0.6—6.0.12、《居住建筑节能 65% 设计标准》(DBJ 50—102—2010)条文 6.5.2—6.5.92、《公共建筑节能设计标准》GB 50189—2005 条文 5.4.2:规定了各种空调冷热源能效比限值。

④《居住建筑节能 50% 设计标准》(DBJ 50—071—2010)条文 6.0.1、《居住建筑节能 65% 设计标准》(DBJ 50—102—2010)条文 6.1.1、《公共建筑节能设计标准》GB 50189—2005 条文 5.1.1:当采用集中采暖、集中空调系统和户式中央空调系统时,在施工图设计阶段,必须进行热负荷和逐项逐时的冷负荷计算。

⑤重庆市《公共建筑节能设计标准》DBJ 50—052—2006 虽无强制性条文,但在设计时不应违反国家标准《公共建筑节能设计标准》GB 50189—2005 中的强制性条文。

3.1.3 其他强制性条文规定

①居住建筑节能设计标准条文 4.1.5 规定:外窗可开启面积(含阳台门面积)不应小于外窗所在房间地板轴线面积的 5%(节能 50% 设计标准)或 7%(节能 65% 设计标准)。每套住宅的通风开口面积不应小于地板轴线面积的 5%。

该规定是为了满足住宅自然通风与采光的基本需求,针对该条文作以下说明:

a. 对地面以上建筑无论是否综合判断,该条文都应强制满足;

b. 设置在住宅底层(单位建筑面积不超过 300 m²,层数不超过两层)的小商业门面、物管用房、社区配套用房等,按居住建筑进行节能计算时,应满足此条文要求;

c. 居住建筑地下室、半地下室耗能房间或大于 5 m² 储藏室等房间无外窗或外窗面积较小,不能满足外窗可开启面积要求时,可不执行该规定,但有条件的应设置采光天井或其他间接非耗能的采光通风方式;

d. 含跃层的居住建筑,与客厅相通的楼梯间为耗能房间,可不执行该规定,含跃层的房间外窗可开启面积计算时,地面面积按一层面积计算,当跃层上空有突入楼板的,该楼板面积应纳入计算,如图 3.1 所示;

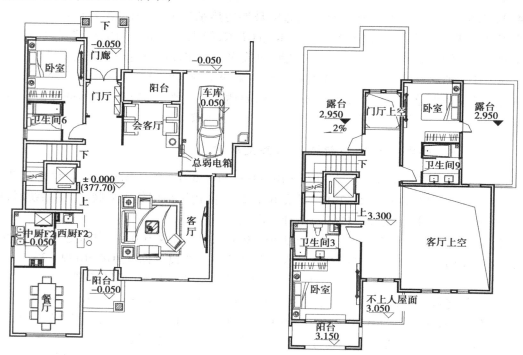

图 3.1 采暖空调楼梯间及客厅跃层示意图

e. 每套住宅的通风开口面积与地板轴线面积比计算时地板轴线面积包含全部房间;

f. 封闭阳台可不纳入建筑节能计算,可开启面积按封闭阳台内的阳台门面积计算,当纳入建筑节能计算时,封闭阳台视为耗能房间,外窗可开启面积按封闭阳台的全部透光外窗面积计算。

②居住建筑节能设计标准条文4.2.8规定:建筑物1—6层的外窗及阳台门的气密性等级,不应低于现行国家标准《建筑外门窗气密、水密、抗风压性能分级及检测方法》GB/T 7106规定的4级;7层及7层以上的外窗及阳台门的气密性等级,不应低于该标准规定的6级。建筑物1—6层的幕墙的气密性等级不应低于现行国家标准《建筑幕墙》GB/T 21086规定的2级;7层及7层以上的幕墙的气密性等级不应低于该标准规定的3级。

提高外窗气密性,能有效控制因空气渗透引起对流换热造成房间冷热量损失,因此要求外窗气密性必须满足规定的要求。设计文件需在计算书、图纸说明中明确设计的气密性等级要求。

③居住建筑节能设计标准条文4.3.4和条文4.3.5规定:自然通风的进排风口在采暖和空调季节应能关闭。每个采暖空调空间应按采暖和空调季节卫生通风的要求设置卫生通风口或进行机械通风,卫生通风口应有防雨、隔声、防虫的功能,净面积 S_{min} 应满足下式要求。

$$S_{min} \geq 0.001\,6s$$

式中 S_{min} ——卫生通风口净面积, m^2;

s ——该空间的地板轴线面积, m^2。

卫生通风器设置的要求对执行居住建筑节能65%设计标准的项目为强制性条文,对执行居住建筑节能50%设计标准的项目鼓励对空调、采暖房间采取卫生通风措施。根据一年来的应用情况,重庆市城乡建设主管部门对该条文规定的执行标准作如下调整:

对别墅、多层建筑以及申报绿色建筑、绿色生态住宅小区、住宅性能星级评定的居住建筑在执行该条时,宜采用机械送风系统满足采暖和空调季节换气次数1.0次/h的要求;上述类型以外的其他居住建筑除选用机械通风或设置卫生通风口外,可采取二次装修时安装具有换气通风功能的空调器等措施,满足采暖和空调季节换气次数1.0次/h的要求(渝建[2011]257号)。

3.1.4 其他应执行的条文规定

①居住建筑节能设计标准条文4.2.3规定:居住建筑不宜设置凸窗。当外窗采用凸窗时,应符合下列规定:

a.凸窗的传热系数限值应比表3.1中的相应值小10%。

b.计算窗墙面积比时,凸窗的面积按窗洞口面积计算。

c.对凸窗不透明的上顶板、下底板和侧板,应进行保温处理。保温处理后板的平均传热系数不大于2.5 W/($m^2 \cdot$ K)。

表3.1 不同朝向、不同窗墙面积比的外窗传热系数限值

建 筑	窗墙面积比	传热系数 K[W/($m^2 \cdot$ K)]	
		节能65%标准	节能50%标准
体形系数 ≤0.40	窗墙面积比≤0.25	≤3.4	≤4.0
	0.25<窗墙面积比≤0.30	≤3.2	≤3.4
	0.30<窗墙面积比≤0.35	≤2.8	≤3.2
	0.35<窗墙面积比≤0.40	≤2.5	≤2.8
	0.40<窗墙面积比≤0.50	≤2.3	≤2.5
体形系数 >0.40	窗墙面积比≤0.25	≤3.2	≤3.4
	0.25<窗墙面积比≤0.30	≤2.8	≤3.2
	0.30<窗墙面积比≤0.35	≤2.5	≤2.8
	0.35<窗墙面积比≤0.40	≤2.3	≤2.5
	0.40<窗墙面积比≤0.50	≤2.2	≤2.3

该规定是为了控制节能效果差的凸窗在住宅建筑的应用,当要采用时在满足热工性能综合判断的同时,还应满足两个条件:一是凸窗的传热系数要比表3.1中对应体形系数和窗墙面积比的传热系数限值低10%,即平窗只需满足传热系数≤4.0 W/(m²·K)即可进行动态权衡计算,但凸窗应比表3.1中对应限值低10%才能进行动态权衡计算;二是凸窗上、下顶板和侧板必须进行保温隔热处理,传热系数控制在2.5 W/(m²·K)内。

②居住建筑节能设计标准条文4.2.7规定:居住建筑屋顶天窗的传热系数不应大于3.2 W/(m²·K),遮阳系数不应大于0.50,且天窗面积不宜大于房间地板轴线面积的10%。

天窗不能使用普通透明中空玻璃,应使用LOW-E、镀膜、吸热等遮阳系数较低的中空玻璃或采用活动外遮阳系统,才能减少夏季太阳辐射对有天窗建筑的能耗影响,且玻璃的选用应满足《建筑玻璃应用技术规程》中相关规定要求。

③居住建筑节能设计标准条文4.2.11规定:当设计建筑为多功能建筑时,不同功能空间的隔墙及楼板均应按分户墙及分户楼板的传热系数进行节能设计。

不同功能转换处隔墙和楼板指住宅与商业、管理用房、车库、设备转换层等之间的隔墙和楼板,该处的楼板或隔墙需按分户楼板和分户墙进行设置,即隔墙传热系数≤2.0 W/(m²·K),楼板传热系数≤2.5 W/(m²·K)。封闭汽车库、设备用房等与商业功能之间的楼板也应按功能转换处楼板处理。开敞式空间则应满足架空楼板K≤1.5 W/(m²·K)的要求。

公共建筑为多功能建筑时,也应参照执行。

④居住建筑节能设计标准条文4.2.12规定:采暖、空调空间与土壤直接接触的地面、采暖、空调空间地下室(半地下室)与土壤直接接触的外墙应采取防潮、防结露的技术措施,热阻不应小于1.2 (m²·K)/W。

为了避免由于重庆地区气候闷湿存在的冷凝、结露现象,对地面和地下室外墙热阻应进行严格控制,即热阻均不能小于1.2 (m²·K)/W。公共建筑节能设计标准虽未对此条作强制要求,建议设计时应参照居住建筑要求同等对待。

3.2 建筑专业节能设计要点

3.2.1 外窗及阳台门节能设计要点

通过外窗及阳台门等透明围护结构的热量传输主要有三种途径:透过玻璃的太阳辐射、通过玻璃及型材的热传导、空气间隙形成的对流换热。因此节能设计上也通过三种对应的控制措施来减少外窗及阳台门等透明围护结构的热损失,分别用遮阳系数控制辐射、用传热系数控制直接热传导、用气密性指标控制对流换热。

1)常用外窗传热系数、遮阳系数取值及选用原则

表3.2列出了本地常用的几种外窗类型及其热工参数。塑料型材即通常说的塑钢窗,非隔热金属型材指常用的铝合金窗,隔热金属型材指常用的断热(桥)铝合金窗,彩钢复合型材是一种新型节能外窗,与传统的彩钢窗有着很大的差异,其热工性能显著提高,也优于普

通的断热金属型材窗。

选用原则：一般住宅建筑宜选用塑料型材外窗或彩钢复合型材外窗；一般公共建筑选择隔热金属型材外窗或彩钢复合型材外窗、塑料型材外窗；别墅、花园洋房、大型（高档）公建等选用彩钢复合型材或隔热金属型材外窗；非隔热金属型材外窗热工性能较差不建议使用。住宅建筑玻璃类型尽可能选择透光率高的玻璃，减少中、低透光玻璃的使用。玻璃厚度建议为 6 mm，空气间层应为 9～12 mm。

表 3.2　常用外窗传热系数及遮阳系数

玻璃品种及规格/mm	遮阳系数 S_c	整窗传热系数 $K[W/(m^2 \cdot K)]$			
		非隔热金属型材 $K_f = 10.8$ W/(m²·K) 框面积 15%	隔热金属型材 $K_f = 5.8$ W/(m²·K) 框面积 20%	彩钢复合型材 $K_f = 2.2$ W/(m²·K) 框面积 23%	塑料型材 $K_f = 2.7$ W/(m²·K) 框面积 25%
6 透明 +9A/12A +6 透明	0.86	4.2/4.0	3.6/3.4	3.0/2.8	3.0/2.8
6 绿色吸热 +9A/12A +6 透明	0.54	4.2/4.0	3.6/3.4	2.9/2.7	3.0/2.8
6 灰色吸热 +9A/12A +6 透明	0.51	4.2/4.0	3.6/3.4	2.9/2.7	3.0/2.8
6 中透光热反射 +9A/12A +6 透明	0.34	3.9/3.7	3.3/3.1	2.7/2.5	2.7/2.5
6 高透光 LOW-E +9A/12A +6 透明	0.62	3.4/3.2	2.9/2.7	2.3/2.1	2.3/2.1
6 中透光 LOW-E +9A/12A +6 透明	0.50	3.4/3.2	2.8/2.6	2.2/2.0	2.2/2.0
6 较低透光 LOW-E +9A/12A +6 透明	0.38	3.4/3.2	2.8/2.6	2.2/2.0	2.2/2.0

2）开窗面积要求及相应热工参数限制

居住建筑现行节能设计标准分别对外窗窗墙面积比和对应的传热系数限值作了明确规定，分别见表 2.2 和表 3.1。开窗面积越大，对应的传热系数限值就越低。当不能完全满足标准规定限值时，可通过综合判断来确定节能设计是否达标。

表 2.2 与表 3.1 中的窗墙面积比均指朝向窗墙面积比。朝向窗墙面积比是指单一朝向立面上窗户面积（包括阳台门透明部分）与该朝向外墙建筑立面面积（不包括女儿墙面积）之比，窗户面积按洞口面积计。现行居住建筑节能设计标准除了对朝向窗墙面积比作了规定外，还对采暖空调房间开间窗墙面积比作了限值要求，当任一采暖空调开间窗墙面积比≥0.55 时，执行建筑节能 50% 设计标准需满足该开间外窗传热系数≤2.7 W/(m²·K)，执行建筑节能 65% 设计标准需满足该开间外窗传热系数≤2.5 W/(m²·K)。对执行居住建筑节能 65% 设计标准的项目，一旦有采暖空调房间开间窗墙面积比超过 0.55，该房间外窗就不能选用普通透明玻璃中空窗。开间指外窗所在朝向房间开间，而不是指外窗所在朝向外墙面积，图 3.2 为典型客厅开间尺寸计算示例。

当无凸窗设置时，外窗满足标准第 5.0.1 条即可进行动态权衡判断，即朝向窗墙面积比

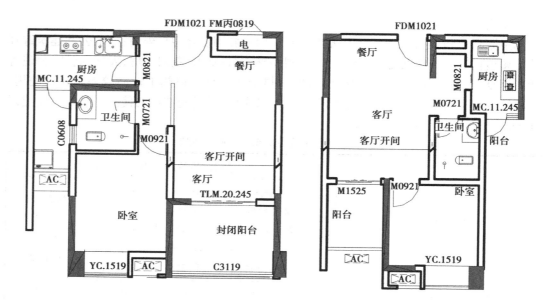

图 3.2　典型客厅开间尺寸计算示例

不超过 0.4，开间窗墙面积比不超过 0.55，就可以选择（多腔）塑料型材或彩钢复合型材的普通透明中空玻璃窗进行动态权衡计算。

3）凸窗

凸窗较相同平面尺寸平窗外表面积大，既增加了围护结构传热面积，又增大了建筑体形系数，对于建筑的能耗影响很大，从节能的角度居住建筑不宜设置凸窗。但目前一般民众及市场均对凸窗有较大的需求，因此，若设置凸窗，应对凸窗的热工性能从严要求，必须满足现行居住建筑节能设计标准相关条文的规定。

假设某建筑执行居住建筑节能 65% 设计标准，建筑体形系数为 0.39，南向朝向窗墙面积比为 0.34，该朝向采暖空调房间开间窗墙面积比均小于 0.55，则该朝向平窗传热系数只需满足 $K \leq 4.0$ W/(m²·K) 即可进行动态权衡判定，但凸窗传热系数必须满足 $K \leq 2.8 \times (1-10\%) = 2.52$ W/(m²·K) 才能进行动态权衡判定，而普通透明中空玻璃窗无法满足传热系数 ≤ 2.52 W/(m²·K)，只能选择 LOW-E 或吸热类中空玻璃窗。

凸窗上、下顶板及侧板传热系数必须 ≤ 2.5 W/(m²·K)。上板可采用外保温方式，即：5 mm 抗裂砂浆 + 30 mm 无机保温砂浆（无机砂浆导热系数取 0.085 W/(m·K)，修正系数取 1.3）+ 100 mm 钢筋混凝土 + 10 mm 水泥砂浆，传热系数为 1.988 < 2.5 W/(m²·K)，满足标准要求；也可采用岩棉板或 B1 级类薄抹灰保温板外保温方式，厚度 30 ~ 40 mm。下板可采用 30 ~ 40 mm 岩棉板或 B1 级类薄抹灰保温板保温，当采用岩棉板时传热系数约 1.32 < 2.5 W/(m²·K)，满足标准要求。侧板可采用 100 mm 加气混凝土砌块，700 级加气混凝土双面水泥砂浆抹灰后传热系数为 1.549 W/(m²·K)，满足标准要求；当侧板为钢筋混凝土板时，可采用 30 ~ 40 mm 岩棉板、B1 级类保温板、保温砂浆等多种保温方式。

建议：居住建筑设置凸窗时，根据体形系数不同，分别控制朝向窗墙面积比。执行建筑节能 65% 设计标准的项目，体形系数 ≤ 0.4 时，朝向窗墙面积比宜控制在 0.3 以内，体形系

数 >0.4 时,朝向窗墙面积比宜控制在 0.25 以内,当开间窗墙面积比不超过 0.55 时,则可以选择性价比较高的(多腔)塑料窗框型材或彩钢复合型材的普通透明中空玻璃窗。执行建筑节能 50% 设计标准的项目,体形系数 ≤0.4 时,朝向窗墙面积比宜控制在 0.35 以内,体形系数 >0.4 时,朝向窗墙面积比宜控制在 0.30 以内,当开间窗墙面积比不超过 0.55 时,同样可以选择(多腔)塑料窗框型材或彩钢复合型材的普通透明中空玻璃窗。

4)天窗

由于天窗受太阳辐射影响时间较长,因此要求天窗传热系数不能大于 3.2 W/($m^2 \cdot K$),遮阳系数不能大于 0.5,且天窗面积不宜大于房间地板轴线面积的 10%。通常可选用金属型材 +6 中透光 LOW-E +12A +6 透明,传热系数 3.2 W/($m^2 \cdot K$)以内,遮阳系数 0.50。当选用隔热金属型材时,玻璃类型可采用 6 中透光热反射 +12A +6 透明,传热系数 3.1 W/($m^2 \cdot K$),遮阳系数 0.34。有条件的,建议选用隔热金属型材 +6 透明 +12A +6 透明 + 活动外遮阳的方式,这种活动外遮阳的方式更有利于冬季太阳辐射得热和日照采光,同时夏季遮阳效果也更加理想,提高房间舒适度的同时降低了建筑能耗。

5)非采暖空调房间门窗

非采暖空调房间(如厨房、卫生间、封闭阳台、小于 5 m^2 的储藏室、走道、电梯厅、前室、楼梯间等)虽没直接按空调房间计算能耗,但其围护结构热工性能对整个建筑的能耗有一定影响。根据现行节能设计标准规定,建筑外窗传热系数最低要求不能大于 4.0 W/($m^2 \cdot K$),即在综合判断能通过的情况下,所有门窗(包括非采暖空调房间门窗)传热系数需 ≤4.0 W/($m^2 \cdot K$),因此建议采用中空玻璃窗。若采用单片玻璃,则需选择塑料窗框型材,且玻璃类型只能选择 LOW-E 玻璃,其性价比不高,隔声性能不好,不宜选用。

6)底部商业服务网点外门窗

居住建筑底部的商业服务网点(房屋层数不超过两层且每单位建筑面积不超过300 m^2)可不单独进行节能计算,外窗可采用与主体部分外窗一致的材料,也可按照装饰要求选用其他类型的外窗。

节能设计建模时有三种处理方式:一是该部分房间在模型中不体现,在说明中明确外墙、外窗、屋面、功能转换处楼板保温做法;二是把该部分房间与住宅一起建模,按居住建筑房间类型设置(一般可设置为起居室),并在说明中明确功能转换处楼板保温做法;三是将该部分房间单独建模,按公共建筑进行节能计算。

7)楼梯间、前室外墙洞口

楼梯间、前室因消防通风要求设置的通风排烟洞口在节能计算时可不考虑开洞对节能的不利影响,软件计算时该洞口按填充墙体进行节能计算,模型中按图 3.3 所示设置为洞口。对洞口的设置应注意以下原则:

①当且仅当该洞口为消防通风需要时,从消防安全的角度考虑,模型中按洞口设置,将该洞口按墙体进行计算,忽略其洞口对能耗的影响。

②其他洞口（如外廊洞口、入户大厅门洞口、开敞内走道洞口、阳台洞口、入户花园洞口等）不能当墙体进行节能计算，建模时不能设置为洞口，应将该洞口处墙体断开进行节能计算。

③对一些设备用房等开设的百叶窗，在节能计算时可将百叶窗设置为洞口进行节能计算。

图3.3 洞口设置

3.2.2 幕墙节能设计要点

1）非透明幕墙

非透明幕墙按保温材料的设置方式主要有两种类型：一是石材、金属板材类幕墙，这种类型幕墙应有基层墙体，保温层固定在基层墙体上，可置于幕墙与基层墙体之间，亦可置于墙体内侧。节能计算时饰面材料不计入计算；二是保温装饰复合板类幕墙，其保温材料与外饰面材料复合为一体，节能计算时也只对保温层进行计算，饰面材料可不计入计算。非透明幕墙的热工要求可参照外墙热工性能要求执行。

2）透明幕墙

透明幕墙主要指玻璃类透明幕墙，设计时主要注意以下四个方面：①幕墙是指悬挂于结构外侧的不承重外墙围护，固定于结构之内的按落地窗考虑；②幕墙通常面积较大，应采用金属型材窗框进行节能计算，不应设置为塑钢型材类外窗；③公共建筑当窗墙面积比小于0.5时，玻璃或其他透明材料的可见光透射比不应小于0.4，否则选用灰色吸热中空玻璃窗；④透明幕墙在节能计算时热工参数可参照外窗取值，也可参照《建筑门窗玻璃幕墙热工计算规程》（JGJ/T 151—2008）执行，但需提供相应计算过程。

3.2.3 外墙节能设计要点

1）外墙保温形式

常用的外墙保温形式有外墙外保温、外墙内保温和外墙自保温三种。

（1）外墙外保温

外墙外保温是将保温材料固定在外墙外侧。现有的外保温技术主要有保温板外墙外保温系统（如聚苯乙烯泡沫塑料薄抹灰系统、聚氨酯硬泡塑料薄抹灰系统、挤塑聚苯乙烯泡沫塑料或聚氨酯硬泡塑料保温装饰复合板系统等）和保温砂浆外墙外保温系统（胶粉聚苯颗粒保温砂浆外墙外保温系统、无机保温砂浆外墙外保温系统等）。但随着国家和地区对建筑保温工程防火要求的加强，有机类保温材料的使用逐渐受限制，重庆市城乡建设主管部门已发文（渝建发〔2011〕22号文、渝建发〔2012〕74号文）明确B2级及以下的保温材料禁止应用于墙体保温工程，即常用的聚苯乙烯泡沫塑料薄抹灰系统等已不能再继续使用，取而代之的将是岩棉板薄抹灰系统、酚醛板外墙保温系统等新型墙体保温系统。但经改良后能达到B1级的聚苯乙烯泡沫塑料薄抹灰系统、聚氨酯硬泡塑料薄抹灰系统仍可使用。

表3.3～表3.5分别为保温板薄抹灰系统和保温砂浆外墙保温系统的构造示意图。其中保温砂浆类外墙保温系统根据饰面层的不同又分为涂料饰面保温砂浆外保温系统和面砖饰面保温砂浆外保温系统。外饰面为涂料时,抗裂层采用耐碱玻纤网格布即可;外饰面为面砖时应采用丝径≥0.9 mm、网孔大小为12.7 mm×12.7 mm的热镀锌钢丝网并用锚栓固定,锚栓有效锚固深度不小于25 mm,且每平米不少于6个。

要点:①选用无机保温砂浆系统时应满足《无机保温砂浆建筑保温系统应用技术规程》的要求,无机砂浆干粉料堆积密度建议选择大于300 kg/m³的类型,并采取可靠的设计构造、施工措施,确保其系统的强度、抗裂和耐久等性能;②采用岩棉板外墙保温系统时,岩棉板的参数和构造应满足《岩棉板薄抹灰外墙外保温系统应用技术规程》的要求。

表3.3 保温板薄抹灰外保温系统

基层墙体	保温板薄抹灰外保温系统基本构造				构造示意图
	粘接层①	保温层②	抗裂防护层③	饰面层④	
混凝土墙及各种砌体墙	界面砂浆或界面剂+胶粘剂	保温板	抗裂砂浆+耐碱玻纤网格布或热镀锌钢丝网(用塑料锚栓与基层锚固)+抗裂砂浆	柔性耐水腻子+涂料	

注:常用的保温板材料有岩棉板、酚醛板、B1级聚氨酯硬泡体复合板、B1级聚苯乙烯泡沫塑料板等。

表3.4 涂料饰面保温砂浆外保温系统

基层墙体	涂料饰面保温砂浆外保温系统				构造示意图
	粘接层①	保温层②	抗裂防护层③	饰面层④	
混凝土墙及各种砌体墙	界面砂浆	保温砂浆	抗裂砂浆+耐碱玻纤网格布(加强型增设一道加强网格布)+抗裂砂浆	柔性耐水腻子+涂料	

注:常用的保温砂浆有无机保温砂浆、胶粉聚苯颗粒保温砂浆。

表3.5　面砖饰面保温砂浆外保温系统

基层墙体	面砖饰面保温砂浆外保温系统				构造示意图
	粘接层①	保温层②	抗裂防护层③	饰面层④	
混凝土墙及各种砌体墙	界面砂浆	保温砂浆	抗裂砂浆＋热镀锌钢丝网（用塑料锚栓与基层锚固）＋抗裂砂浆	粘结砂浆＋面砖＋勾缝剂	

外墙外保温系统的优点：①保护主体结构，对延长建筑物使用寿命有益；②"热桥"容易处理，基本消除了"热桥"的影响；③使墙体防水能力得以大幅提升；④有利于室温保持稳定；⑤有利于提高墙体的气密性。

外墙外保温存在的不足：①施工技术难度较大，工序较多，施工质量较难把握，需专业施工队伍承担；②施工周期较长（通常需要 3～6 个月）；③对外装饰材料要求高，不宜选用重质的、较大规格的外饰材料（如普通面砖、文化石等），否则存在安全隐患；④使用寿命与主体结构不同步，维护麻烦，成本较高，如涂料外饰的使用寿命一般在 5～15 年，保温体系的使用寿命在 25 年内，而主体结构一般在 50 年以上；⑤造价偏高，保温砂浆外保温系统的造价通常为 60～100 元/m²，保温板薄抹灰外墙保温为 100～150 元/m²；⑥选用有机类保温材料时存在防火安全隐患。

选用原则：框架结构或剪力墙结构体系的填充墙砌体选用烧结页岩空心砖（导热系数 0.54 W/(m·K)，容重等级为 800 级）或加气混凝土砌块（导热系数 0.18 W/(m·K)，容重等级为 700 级，修正系数取 1.25）；砌体结构体系的砌体选用烧结页岩多孔砖（导热系数 0.58 W/(m·K)，容重等级为 1 400 级）；高度小于 100 m 的高层、多层建筑保温层选用岩棉板、B1 级类保温板、保温砂浆等，保温砂浆厚度控制在 35 mm 以内；高度超过 100 m 的高层建筑外墙必须选用 A 级保温材料，如无机保温砂浆、岩棉板。低层建筑宜选用保温板外墙保温系统，在计算可以通过时可选用保温砂浆外墙外保温系统；公共建筑宜选用防火性能为 A 级的保温浆料或岩棉板外墙保温系统。

外墙外保温系统主要保温材料及其热工参数如表3.6所示。

表3.6 外墙外保温系统主要保温材料热工参数及修正系数

序号	材料名称		干密度（kg/m³）	导热系数[W/(m·K)]	燃烧性能	修正系数
1	保温砂浆	无机保温浆料	301～400	0.085	A	1.3
			401～500	0.10		
			501～600	0.12		
2		胶粉聚苯颗粒保温浆料	180～250	0.06	B1	1.3
3	保温板	岩棉板	80～200	0.045	A	1.3
4		酚醛板	50～70	0.040	B1	1.3
5		聚氨酯硬泡塑料	30	0.027	B1	1.1
			40	0.025	B1	

注：酚醛板参数以发布的标准为准。

（2）外墙内保温

外墙内保温是将保温材料固定在外墙内侧的做法，目前国内常用的内保温技术有：①增强石膏复合聚苯保温板；②聚合物砂浆复合聚苯保温板；③内墙贴无机发泡保温板；④无机保温砂浆。

重庆地区内保温技术应用较少。外墙内保温的优点：①作业面大，施工方便灵活，以每层为单元，可以大面积施工，不存在与上下层的保温交圈问题；②技术性要求比外保温低；③造价相对较低。

外墙内保温存在的不足：①"热桥"处理困难，难以避免"热桥"的影响，墙体内表面易产生结露潮湿现象；②与外保温相比，不利于建筑物围护结构的保护；③二次装修时容易被破坏；④可能会减少房间使用面积。

选用原则：框架结构或剪力墙结构体系的填充墙砌体选用烧结页岩空心砖（导热系数0.54 W/(m·K)，容重等级为800级）或加气混凝土砌块（导热系数0.18 W/(m·K)，容重等级为700级，修正系数取1.25）；砌体结构体系的砌体选用烧结页岩多孔砖（导热系数0.58 W/(m·K)，容重等级为1 400级）；采用板材类内保温系统时，应满足现行保温防火相关标准及文件要求；采用浆体材料保温系统时，可选择无机保温砂浆做保温层，无机保温砂浆外墙内保温系统有关要求按照《无机保温砂浆建筑保温系统应用技术规程》执行。

（3）外墙自保温

外墙自保温指通过采用节能型墙体材料和特定的建筑构造，提高建筑外墙体的热工性能指标的墙体保温构造方式。目前可采用的自保温墙体材料有节能型烧结页岩空心砖、加气混凝土砌块、陶粒混凝土空心砌块三大类，其系统基本构造见表3.7、表3.8。

表3.7　墙体自保温系统基本构造（一）

墙体自保温系统基本构造			构造示意图
①基层墙体	②抹灰层	③饰面层	
节能型墙体材料,配以专用砌筑砂浆	专用抹灰砂浆	涂料饰面:建筑外墙用腻子 + 涂料	
		面砖饰面:粘结砂浆 + 面砖	

注:挂网增强材料及锚固按设计及有关标准规定设置。

表3.8　墙体自保温系统基本构造（二）

墙体自保温系统基本构造			构造示意图
①钢筋混凝土柱或梁	②保温层	③饰面层	
钢筋混凝土	粘结砂浆 + 节能型墙体材料 + 专用抹灰砂浆	涂料饰面:建筑外墙用腻子 + 涂料	
		面砖饰面:粘结砂浆 + 面砖	

注:挂网增强材料及锚固按设计及有关标准规定设置。

　　外墙自保温技术体系具有六大优点:①自保温技术施工简便,无需保温层的施工工序,节省施工周期3~6个月;②减少了不安全因素,如保温层脱落、着火等,纯无机材料构造,防火性能好;③提高墙体使用寿命,一般外墙外保温系统设计使用寿命要求不超过25年,自保温系统使用寿命与主体同步,可长达50年或更久;④工程造价低,其材料较保温材料便宜,施工措施费用低,比传统外墙外保温系统节省造价50%左右;⑤墙体自保温系统不存在单独的保温层,对外墙饰面材料限制低,如保温板薄抹灰系统不允许外贴面砖,保温浆料外保温系统贴面砖需锚固、挂网,而自保温系统不受这些限制,可按建筑设计要求自由使用饰面材料;⑥墙体自保温系统增加了墙体厚度,减少了渗水等不利因素。

　　选用原则:根据项目所在地区产品供应情况,选用易获得的墙体材料,对于材料供应不受限制的地区,灵活选用加气混凝土砌块自保温系统和节能型烧结页岩空心砖自保温系统,常用墙体自保温系统如表3.9所示。

表 3.9 常用墙体自保温形式主要材料及平均传热系数

序号	填充墙体		热桥		平均传热系数 [W/(m²·K)] （剪力墙体系：45%填充墙面积+55%热桥面积）
	主要材料构造	传热系数 [W/(m²·K)]	主要材料构造	传热系数 [W/(m²·K)]	
1	20 mm 水泥砂浆 +220 mm 加气混凝土砌块 +20 mm 水泥砂浆	0.848	5 mm 抗裂砂浆 +35 mm 无机保温砂浆 +200 mm 钢筋混凝土 +20 mm 水泥砂浆	1.622	1.27
2	20 mm 水泥砂浆 +220 mm 节能型烧结页岩空心砌块 +20 mm 水泥砂浆	0.925	5 mm 抗裂砂浆 +35 mm 无机保温砂浆 +200 mm 钢筋混凝土 +20 mm 水泥砂浆	1.622	1.31
3	20 mm 水泥砂浆 +250 mm 加气混凝土砌块 +20 mm 水泥砂浆	0.762	20 mm 水泥砂浆 +50 mm 加气混凝土 +200 mm 钢筋混凝土 +20 mm 水泥砂浆	1.662	1.26
4	20 mm 水泥砂浆 +240 mm 节能型烧结页岩空心砌块 +20 mm 水泥砂浆	0.861	20 mm 水泥砂浆 +40 mm 加气混凝土 +200 mm 钢筋混凝土 +20 mm 水泥砂浆	1.836	1.40
5	20 mm 水泥砂浆 +300 mm 加气混凝土 +20 mm 水泥砂浆	0.652	20 mm 水泥砂浆 +100 mm 加气混凝土 +200 mm 钢筋混凝土 +20 mm 水泥砂浆	1.127	0.91
6	20 mm 水泥砂浆 +300 mm 节能型烧结页岩空心砌块 +20 mm 水泥砂浆	0.714	20 mm 水泥砂浆 +100 mm 加气混凝土 +200 mm 钢筋混凝土 +20 mm 水泥砂浆	1.127	0.94
7	20 mm 水泥砂浆 +200 mm 加气混凝土 +15 mm 无机保温砂浆（D 型）+5 mm 抗裂砂浆	0.855	5 mm 抗裂砂浆 +15 mm 无机保温砂浆（B 型）+200 mm 钢筋混凝土 +15 mm 无机保温砂浆（D 型）+5 mm 抗裂砂浆	1.94	1.45
8	20 mm 水泥砂浆 +200 mm 节能型烧结页岩空心砌块 +15 mm 无机保温砂浆（D 型）+5 mm 抗裂砂浆	0.925	5 mm 抗裂砂浆 +15 mm 无机保温砂浆（B 型）+200 mm 钢筋混凝土 +15 mm 无机保温砂浆（D 型）+5 mm 抗裂砂浆	1.94	1.48

当墙体平均传热系数较差时，外墙室内侧水泥砂浆找平层可选用无机保温砂浆代替，但从强度及抗裂等因素考虑，建议选用 D 型无机保温砂浆[（干密度 501~600 kg/m³，导热系数 0.12 W/(m·K)]，如表 3.9 中第 7、8 种构造方式。

加气混凝土自保温构造措施要点及要求详见《蒸压加气混凝土砌块自保温墙体建筑构造图集》，节能型烧结页岩空心砌块自保温构造措施及要求详见《JN 节能型烧结页岩空心砌块自保温墙体建筑构造图集》。其中节能型烧结页岩空心砌块自保温系统的优势在于该系统可不进行满挂网，可直接粘贴面砖。

2)地下室外墙

为避免地下室外墙出现结露，地下室外墙热阻不能小于 1.2（m²·K）/W。由外至内推荐采用：200 mm 烧结页岩多孔砖 +50 mm B1 级聚苯乙烯泡沫塑料 +200~400 mm 钢筋混凝土墙 +20 mm 水泥砂浆（见图 3.4），热阻约为 1.6（m²·K）/W > 1.2（m²·K）/W。也可以选择砌筑加气混凝土砌块的保温方式。

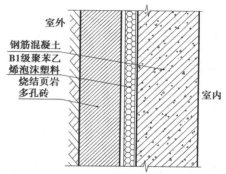

图 3.4　地下室外墙保温构造

3.2.4　屋面节能设计要点

屋面传热系数应尽可能满足现行节能设计标准的有关规定，当不能完全满足时，应满足标准关于综合判断的最低指标要求，即屋面传热系数不低于 1.0 W/(m²·K)。

常用的屋面保温材料及热工参数如表 3.10 所示。常用屋面节点构造如图 3.5 所示。

表 3.10　常用屋面保温材料

序号	材料名称	干密度（kg·m³）	导热系数[W/(m²·K)]	燃烧等级	修正系数
1	挤塑聚苯乙烯泡沫塑料	30~40	0.03	B1	1.2
2	聚氨酯硬泡体	30	0.027	B1	1.1
		40	0.025		
3	泡沫混凝土	331~430	0.10	A	1.5
		431~530	0.12		
		531~630	0.14		
4	蒸压加气混凝土砌块	426~525	0.14	A	1.5
		526~625	0.16		
		626~725	0.18		

推荐使用现浇泡沫混凝土作为屋面保温材料,该系统集保温、找坡于一体,施工简便,防水性能好,一般采用150 mm即可满足要求。当采用挤塑聚苯乙烯泡沫塑料作为屋面保温材料时,其防火设计应满足第4.2节要求。

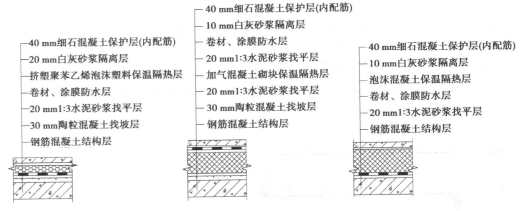

图3.5　常用屋面节点构造

3.2.5　不同功能变化处隔墙及楼板节能设计要点

当设计建筑为多功能建筑时,不同功能空间的隔墙及楼板均应按分户墙及分户楼板的传热系数进行节能设计。如底部商业与住宅之间的楼板、住宅与车库之间的楼板等均需进行保温处理。

200 mm烧结页岩空心砖双面抹灰即可满足分户墙传热系数≤2.0 W/(m² · K)的要求。对于功能转换处的楼板,可采取全轻混凝土楼面保温系统或抹无机保温砂浆的保温系统。表3.11中列出了两种楼板保温材料的热工参数,建议无机保温砂浆采用干密度为501~600 kg/m³的类型,抗压强度≥1.2 MPa,全轻混凝土采用容重1 000级及以上的类型。

表3.11　楼板主要保温材料热工参数及修正系数

序号	材料名称	干密度 (kg/m³)	导热系数 [W/(m² · K)]	燃烧等级	修正系数
1	无机保温浆料	401~500	0.10	A	1.3
		501~600	0.12		
2	全轻混凝土	731~830	0.22	A	1.2
		831~930	0.25		
		931~1 030	0.28		

3.2.6　分户墙节能设计要点

分户墙传热系数不应大于2.0 W/(m² · K),通常200 mm烧结页岩空心砖双面水泥砂浆抹灰,填充墙在不计钢筋混凝土结构墙体时,传热系数为 1.55 W/(m²·K),可满足分户墙的热工性能要求。在此情况下,分户墙墙体和热桥部位可不采用专门的保温构造。

3.2.7 冷热桥节能设计要点

钢筋混凝土热桥部位与填充墙砌体之间热物理性能相差较大,应对冷热桥部位进行保温隔热处理,避免因温差造成结露、开裂等问题。不同的保温方式热桥处理不一样,图3.6～图3.9 给出了3种保温形式的热桥处理图示,具体细部的处理方式可参见相关保温构造图集。其设计构造原则为:外保温为全包覆的方式、自保温为热桥部位全包覆的方式、内保温为一定长度的搭接处理方式。

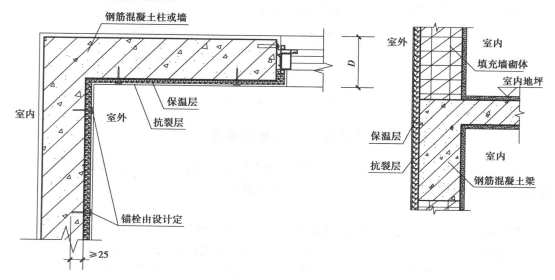

图3.6　外墙外保温热桥处理图示

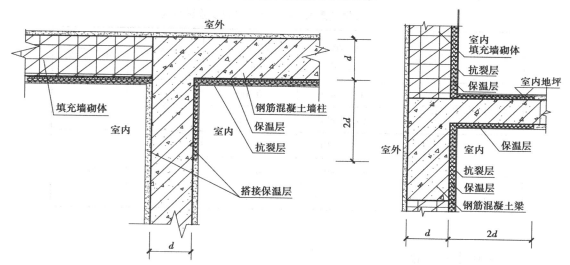

图3.7　外墙内保温热桥搭接处理图示

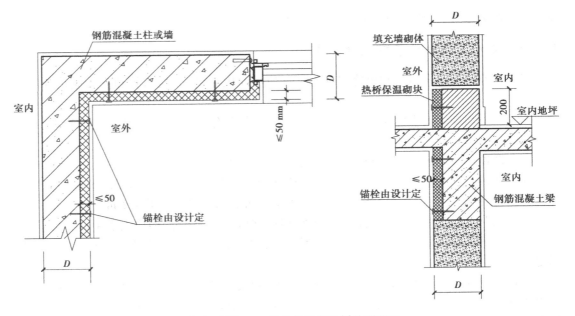

图 3.8 250 mm 墙体自保温热桥处理图示

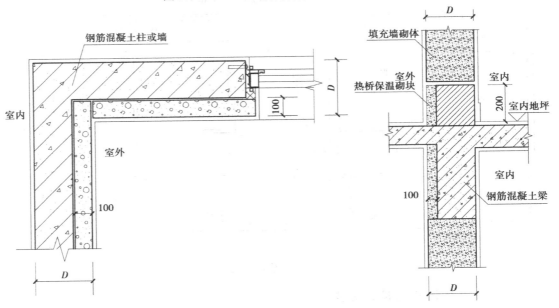

图 3.9 300 mm 墙体自保温热桥处理图示

3.2.8 地面节能设计要点

采暖、空调空间与土壤直接接触的地面应采取防潮、防结露的技术措施,热阻不应小于 1.2 (m² · K)/W。

可采用 200 mm 500 级现浇泡沫混凝土,或铺设 200 mm 500～700 级加气混凝土砌块,面层作厚度不小于 30 mm 细石混凝土保护层的方式来达到要求。选用其他材料及构造时除应满足热阻要求外,还应符合强度、防火等要求。

3.2.9 室外空调机位节能设计要点

当采用空气源热泵机组和风冷空调器时,空调器(机组)室外机布置和安装应符合下列规定:

①建筑平面和立面设计应考虑空调器(机组)室外部分的位置,不应影响立面景观,并便于清洗和维护室外散热器。

②空调器(机组)室外机宜布置在南、北或东南、西南向的外墙处。

③空调器(机组)室外机的安装应有利于通风换热,在建筑外立面的竖向凹槽内布置室外机时,凹槽的宽度宜不小于2.5 m,室外机置于凹槽的深度应不大于4.2 m。

④空调器(机组)室外机间的排风口不宜相对,相对时其水平间距应大于4 m。

⑤室外机位置处采用的遮挡或装饰,不应导致排风不畅或进排风短路,避免散热条件恶化。

对高层建筑应重点控制凹槽布置或对吹,否则可能导致气流短路,引起空调死机。如图3.10所示,凹槽深度a应不大于4.2 m,宽度b应不小于2.5 m,两台空调虽没有直接对吹,但水平距离c应满足大于4 m的要求,建议采用向槽口外布置的方式。

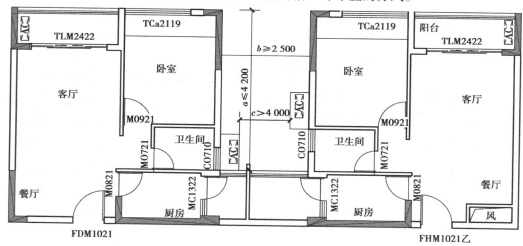

图3.10 空调机位布置图示

3.2.10 架空楼板节能设计要点

架空楼板在节能设计里不仅仅指架空层的楼板,泛指一切直接与室外空气接触的楼板。由于架空楼板直接暴露于室外空气中,楼板两侧温差较大,造成热流量大,因此需进行节能保温处理,最低要求架空楼板传热系数不低于1.5 W/(m²·K)。架空楼板常用的保温材料及热工参数如表3.12所示。当采用膨胀聚苯板做外贴于板底侧的薄抹灰系统时,应考虑楼板与外墙交界处防火隔离措施;当保温材料设置于室内侧时,应考虑室内高差的因素。

表 3.12　架空楼板主要保温材料热工参数及修正系数

序号	材料名称	干密度 （kg/m³）	导热系数 ［W/（m² · K）］	燃烧等级	修正系数
1	无机保温浆料	401 ~ 500	0.10	A	1.3
		501 ~ 600	0.12		
2	膨胀聚苯板	30	0.042	B1	1.2
3	全轻混凝土	931 ~ 1 030	0.28	A	1.2
4	岩棉板	80 ~ 200	0.045	A	1.3

3.3　采暖、通风和空调节能设计要点

3.3.1　居住建筑采暖、通风和空调节能设计要点

(1)《居住建筑节能50%设计标准》(DBJ 50—102—2010)设计要点

标准第6章对采暖、通风和空调节能设计作了详细要求,共包含了以下11个强制性条文:

①条文6.0.1　居住建筑采用集中采暖、集中空气调节系统和户式中央空调系统时,在施工图设计阶段,必须对每一个房间进行热负荷和逐项逐时的冷负荷计算。

计算时应注意以下要点:

a. 应按本标准第3.0.1条及3.0.2条确定室内计算参数。

条文3.0.1　冬季采暖室内热环境计算参数:

采暖空间室内设计参数取18 ℃;

换气次数取1.0 次/h。

条文3.0.2　夏季空调室内设计参数:

空调空间室内热环境计算参数取26 ℃;

换气次数取1.0 次/h。

b. 围护结构 K 值与窗户遮阳系数应与《项目节能设计基本情况表》一致。

c. 房间照明功率密度值应符合本标准第7章照明功率密度值的要求,如表3.13所示。

d. 计算书应标明计算软件名称与版本;计算、校对、审核人员应签署完整。

②条文6.0.2　居住建筑采用集中采暖、空调系统时,应设计分室(户)温度控制及分户热(冷)量计量设施。

③条文6.0.4　除了符合下列情况之一外,不得采用电热锅炉、电热水器作为直接采暖和空气调节系统的热源:

a. 整套住房夏季不用空调,冬季只需局部位置进行短期采暖的居住建筑。

b. 临时性采暖、短暂性采暖、各户采暖同时性小的居住建筑。

表 3.13　照明功率密度值

房间或场所	照明功率密度值（W/m²）	对应照度值（lx）
起居室		100
卧　室		75
餐　厅	≤7	150
厨　房		100
卫生间		100
室外走廊	≤5	50

c. 电力充足、供电政策支持地区的居住建筑。

④条文 6.0.6　居住建筑当采用电机驱动压缩机的蒸汽压缩循环冷水（热泵）机组作为集中式空气调节系统的冷热源设备时，在额定制冷工况和规定条件下，其性能系数（COP）不应低于表 6.0.6 的规定（表 6.0.6 略）。

⑤条文 6.0.7　居住建筑当采用名义制冷量大于 7 100 W、采用电机驱动压缩机的单元式空气调节机、风管送风式和屋顶式空气调节机组作为集中式空气调节系统的冷热源设备时，在名义制冷工况和规定条件下，其能效比（EER）不应低于表 6.0.7 的规定（表 6.0.7 略）。

⑥条文 6.0.8　居住建筑当采用蒸汽、热水型溴化锂吸收式冷水机组及直燃型溴化锂吸收式冷（温）水机组作为集中式空气调节系统的冷热源设备时，应选用能量调节装置灵敏、可靠的机型，其在名义工况下的性能参数应符合表 6.0.8 的规定（表 6.0.8 略）。

⑦条文 6.0.9　居住建筑当采用房间空调器（热泵型）作为房间空气调节系统的冷热源设备时，其能效比（EER）不应低于表 6.0.9 的规定（表 6.0.9 略）。

⑧条文 6.0.10　居住建筑当采用转速可控型房间空气调节器作为房间空气调节系统的冷热源设备时，其制冷季节能源消耗效率（SEER）不应低于表 6.0.10 的规定（表 6.0.10 略）。

⑨条文 6.0.11　居住建筑当采用多联式空调（热泵）机组作为房间空气调节系统的冷热源设备时，在名义工况和规定条件下，其制冷综合性能系数（IPLV（C）），不应低于表 6.0.11 的规定（表 6.0.11 略）。

⑩条文 6.0.12　居住建筑当采用燃气采暖器进行采暖、空调时，燃气取暖器的热效率应不小于表 6.0.12 的规定值（表 6.0.12 略）。

⑪条文 6.0.13　采用户式中央空调（冷热水系统）时，对户式中央空调器所配置的水泵应在设备表中标明经详细计算的机外扬程数值。

本条文虽然是非强制性条文，但为城乡和住房建设部节能检查条款。设计时应该提出户式中央空调配套水泵所需的机外扬程，以要求供货厂家提供合理的水泵配套。

（2）《居住建筑节能 65% 设计标准》（DBJ 50—071—2010）设计要点

标准第 6 章对采暖、通风和空调节能设计作了详细要求，共包含了 13 个强制性条文：

①条文 6.1.1　居住建筑采用集中采暖、集中空气调节系统和户式中央空调系统时，在

施工图设计阶段,必须对每一个房间进行热负荷和逐项逐时的冷负荷计算。

本条文内容及室内热环境计算参数、照明功率密度值均与《居住建筑节能50%设计标准》条文6.0.1相同,不再赘述。

②条文6.1.2 内容与《居住建筑节能50%设计标准》条文6.0.2相同,不再赘述。

③条文6.1.4 内容与《居住建筑节能50%设计标准》条文6.0.4相同,不再赘述。

④条文6.4.1 采用户式中央空调(冷热水系统)时,对户式中央空调器所配置的水泵应在设备表中标明经详细计算的机外扬程数值。

本条文虽然是非强制性条文,但为住建部节能检查条款。设计时应该提出户式中央空调配套水泵所需的机外扬程,以要求供货厂家提供合理的水泵配套。

⑤条文6.5.2 居住建筑当采用电机驱动压缩机的蒸汽压缩循环冷水(热泵)机组作为集中式空气调节系统的冷热源设备时,在额定制冷工况和规定条件下,其性能系数(COP)不应低于表6.5.2的规定(表6.5.2略)。

设计时应注意《居住建筑节能65%设计标准》的要求高于《居住建筑节能50%设计标准》,不能混淆。

⑥条文6.5.3 居住建筑当采用名义制冷量大于7 100 W、采用电机驱动压缩机的单元式空气调节机、风管送风式和屋顶式空气调节机组作为集中式空气调节系统的冷热源设备式,在名义制冷工况和规定条件下,其能效比(EER)不应低于表6.5.3的规定(表6.5.3略)。

设计时应注意《居住建筑节能65%设计标准》的要求高于《居住建筑节能50%设计标准》,不能混淆。

⑦条文6.5.4 居住建筑当采用水源热泵机组作为集中式空气调节系统的冷热源设备时,在名义制冷工况和规定条件下,其制冷能效比(EER)和制热性能系数(COP)不应低于表6.5.4的规定(表6.5.4略)。

⑧条文6.5.5 居住建筑当采用蒸汽、热水型溴化锂吸收式冷水机组及直燃型溴化锂吸收式冷(温)水机组作为集中式空气调节系统的冷热源设备时,应选用能量调节装置灵敏、可靠的机型,其在名义工况下的性能参数应符合表6.5.5的规定(表6.5.5略)。

设计时应注意《居住建筑节能65%设计标准》的要求高于《居住建筑节能50%设计标准》,不能混淆。

⑨条文6.5.6 居住建筑当采用房间空调器(热泵型)作为房间空气调节系统的冷热源设备时,其能效比不应低于表6.5.6的规定(表6.5.6略)。

设计时应注意《居住建筑节能65%设计标准》的要求高于《居住建筑节能50%设计标准》,不能混淆。

⑩条文6.5.7 居住建筑当采用转速可控型房间空气调节器作为房间空气调节系统的冷热源设备时,其制冷季节能源消耗效率(SEER)不应低于表6.5.7的规定(表6.5.7略)。

设计时应注意《居住建筑节能65%设计标准》的要求高于《居住建筑节能50%设计标准》,不能混淆。

⑪条文6.5.8 居住建筑当采用多联式空调(热泵)机组作为房间空气调节系统的冷热源设备时,在名义工况和规定条件下,其制冷综合性能系数(IPLV(C)),不应低于表6.5.8的规定(表6.5.8略)。

本条文《居住建筑节能65%设计标准》的要求与《居住建筑节能50%设计标准》相同。

⑫条文6.5.9　居住建筑当采用燃气采暖器进行采暖、空调时,燃气取暖器的热效率应不小于表6.5.9的规定值(表6.5.9略)。

设计时应注意《居住建筑节能65%设计标准》的要求高于《居住建筑节能50%设计标准》,不能混淆,且增加了燃气热水锅炉的热效率要求。

⑬第4.3.5条,详见第3.1.3节。设计时采用自然通风装置或机械通风系统都可满足要求。

一般来说,机械通风方式换气效果优于自然通风方式,特别是对面积较大的房间。但一次投资较高,自然通风装置工程造价通常为10～20元/m²;机械通风方式工程造价为40元/m²以上。风机运行会产生噪音和能耗,安装风管会降低房间的层高。因此,选择时应综合考虑各种因素。

自然通风器及机械通风系统设计要点详见3.3.2、3.3.3节。

全国其他城市也正在开展对自然通风器及机械通风系统的研究。据了解,吉林省地方标准图《住宅机械新风系统安装选用图集》已经出版、国家标准图《窗式动力通风器》(计划编号20081964—T—607)、国家相关技术标准《建筑通风效果测试与评价标准》等已列入编制计划或正在编制过程中。国家技术标准《家用和类似用途交流换气扇能效限定值及能效等级》即将颁布。

《居住建筑节能65%设计标准》中另一强制性条文4.3.4条:自然通风的进风口在采暖空调季节应能关闭。其中的进风口是指房间的外窗,在过渡季节应开窗通风,在空调采暖季节应关闭。从字面上看容易与本条文中的"卫生通风口"混淆,设计时应注意。

3.3.2　自然通风器设计要点

1)怎样理解条文中的卫生通风口净面积

图3.11为热压通风口(卫生通风口)位置示意图。

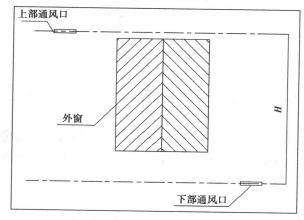

图3.11　热压通风口位置示意图

夏季,由上部风口进风,下部风口排风,冬季相反。

自然条件下所产生的热压值计算公式：

夏季空调时段

$$H_T = gH(\rho_{in} - \rho_{out})$$

冬季空调时段

$$H_T = gH(\rho_{out} - \rho_{in})$$

式中　　H_T——热压，Pa；

　　　　ρ_{in}——室内空气密度，kg/m^3；

　　　　ρ_{out}——室外空气密度，kg/m^3；

　　　　H——上下通风口的垂直距离，m；

　　　　g——重力加速度。

为了和行业技术标准《建筑用门窗通风器》JG/T 233—2008 吻合，重庆市地方标准设计图《建筑通风器（自然通风器）》DJBT—054 中将卫生通风口统称为自然通风器，并将自然通风器定义为：

在建筑外窗或外墙的上部和下部各设一个通风口，组成一组建筑自然通风器。当房间的采暖空调设施开启，门、窗关闭时，利用热压原理满足房间 1 次/h 换气次数的卫生要求。

由此可见，单个风口的净面积应为：$S_{min} \geqslant 0.001\,6s$，且上、下两个风口的净面积应相等，两个风口的净面积相加应为 $2 \times 0.001\,6s$。

2）自然通风器产品标准、产品类型、选型及安装

（1）自然通风器产品标准

现有产品中，窗式自然通风器一般采用铝合金型材制作，墙式通风器一般采用塑料型材制作。通风器应能方便地启闭、清洁，并易于与门窗、幕墙或墙体安装连接。设计时所选用的形式及颜色应与建筑外立面及室内装饰要求相协调。

《建筑门窗通风器》JG/T 233—2008 对通风器材质的强度、阻燃性能、产品的外观、操作性能、保温性能、关闭状态下的气密性、水密性、抗风压性、开启及关闭状态下的隔声功能等都作了明确要求，设计时应选用满足标准的产品，墙式通风器也应参照此标准选用。

通风器的通风净面积及通风性能应有检测报告。通风器的检测报告应由权威检测机构出具。通风器的通风性能是指一定压差下（5 Pa、2 Pa）单位通风净面积的通风量。

（2）窗式通风器选型与安装

窗式通风器按外形主要分为两类：①室外侧无突出部件，推拉窗和固定窗都可用；②室外侧有突出部件，只能用于固定窗。按高度划分：高度 9 cm 左右的通风器有效通风面积约为 15 000 mm^2/m；高度 14 cm 左右的通风器有效通风面积为 25 000 ~ 30 000 mm^2/m。当房间面积大，外窗长度小时，可选用高度 14 cm 左右的通风器。

窗式通风器可参照《建筑通风器（自然通风器）》DJBT—054 选型。由于通风器必须与外窗紧密结合，窗式通风器订货的长度应由外窗生产厂家核定。

窗式风口要镶嵌在外窗的玻璃上，通风器与外窗必须结合紧密，安装完成后与外窗形成一个整体，通风器在关闭状态下的气密性、水密性、抗风压性、隔声性能应与外窗相同。一般来说，在外窗的招标中应包含窗式通风器，从价格到安装质量应由外窗生产厂家总负责。这样可防止通风器安装质量的责任推诿,最终无人负责的漏洞,也可避免后期单独购买窗式通风器出现价高质量差的局面。

应特别注意窗式通风器与玻璃的连接是否紧密,防止由于通风器的安装产生安全隐患。

窗式通风器也可以和墙式通风器组成一组自然通风器。一般来说,墙式通风器为上部通风口,窗式通风器为下部通风口,这样不影响家具的摆放。

(3)墙式通风器选型与安装

目前,墙式通风器只有一种类型(见图3.12)。布置墙式通风器时应注意不影响房间的使用和结构安全。

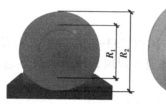

图3.12　墙式通风器实例图

墙式通风器分室外防雨风罩、穿墙管及室内风口3部分,其产品规格如表3.14所示。应在外墙施工时预埋穿墙管部分。

表3.14　墙式通风器产品规格表

型　号	外型尺寸			通风器净面积/m²	最大适用房间面积/m²
	R_1/cm	R_2/cm	L/cm		
CNV-A10	12	14	根据外墙厚度定制	0.013	10
CNV-A15	14	16		0.017	15
CNV-A20	16	18		0.022	20

注:R_1:室内面板截面最大直径;

　　R_2:预埋部件截面直径;

　　L:预埋部件长度。

(4)常规户型自然通风器布置

常规户型自然通风器布置原则及布置图详见《建筑通风器(自然通风器)》DJBT—054 P06~P16)。

(5)特殊户型自然通风器布置

①两层空间相通的小户型跃层:布置原则——按照热压原理,两个风口之间的高差越大热压也越大;按气流组织原则,两个风口分别安装在不同的外墙面上,房间的换气效果会越好。

②房间没有外窗和外墙(如内书房、餐厅等功能房间):这类房间一般是过厅的形式,经常和卧室等其他房间的多个门相连,或者和楼梯间相连,空间并不封闭,和套内的其他房间有空气流动,人的停留时间一般不是很长,因此,可不设自然通风器。

③房间只有外窗可以安装自然通风器,但外窗长度较短的情况:通风器有 15 000 mm^2/m 和 30 000 mm^2/m 两种。可以选用单位长度通风面积较大的通风器 T2-U、T2-D 配套使用,详见标准图 P11。

④面积大于 5 m^2 的储藏间是否按空调采暖房间设置自然通风器:应该设通风器。如果房间用于储藏,可能不设空调,在关闭门窗的情况下可以起通风作用;如果房间改做卧室,设有空调,可起到通风换气作用。

⑤封闭阳台面积是否计入通风房间面积:如果房间另设有外窗进行通风,不应计入通风房间面积;如果房间没有其他外窗,只有靠阳台外窗通风换气,就应计入通风房间面积。

⑥中庭上空部分是否要单独设置通风器:没有必要,在上部设通风器不便于风口开关和清洁。在下部安装就能满足卫生要求,高大空间保证 1 ~ 0.5 次/h 换气。

⑦地下室空调采暖房间如何设置:如果有外墙或外窗,可以和地上房间一样处理;如果没有外窗或外门,只有设计机械通风系统。

3.3.3 户式机械通风系统设计要点

1) 机械通风系统的几种形式

①自然进风,机械排风单向流系统(需在每个通风房间外窗或外墙上设进风口,对建筑外立面影响较大,但室内风管较少);

②机械进风,机械排风双向流系统(每套房间只需设系统总进风口和排风口各一个,对建筑外立面影响较小,但室内风管较多);

③机械送风,自然排风单向流系统(每套房间只设系统总进风口一个,对建筑外立面影响较小);

④带动力的窗、墙式通风器系统(需在每个通风房间外窗或外墙上设进风口,对建筑外立面影响较大,但室内无风管)。

《建筑通风器(户式机械通风)》DJBT—055 采用的是自然进风,机械排风单向流系统。

2) 自然进风,机械排风单向流系统构成及设计原则

(1) 系统构成

由设在外窗或外墙上的房间进风口、房间排风口、通风管道、排风风机箱和设在卫生间外墙上的系统排风口组成(房间面积小的时候,可不设房间排风口和通风管道)。

排风机控制方式有两种:手动控制——两挡风量调节;自动控制——根据室内空气品质对风量进行无级调节。

排风风机箱进风有单孔接口和多孔接口两种形式,设计时可根据户型选择便于布置风管的形式。

(2) 气流组织

室外清洁空气由安装在各通风房间外窗或外墙上的风口进入室内,通过房间排风口及通风管道,最后经设在卫生间排风风机箱排出室外(房间面积小时,可不设房间排风口和通风管道,空气通过门窗缝隙渗漏,最终由设在卫生间的排风风机箱排出)。

（3）系统总风量

系统总风量（m³/h）＝每户通风面积（m²）×房间净高×1（次/h）

每户通风面积是指：一套户型内卧室、起居室（厅）等所有设置采暖空调房间的总面积（但不含卫生间面积）。

排风机无论采取哪种控制方式，都应保证在采暖空调季节风机最低风量不小于1次/h换气。

由于系统在卫生间的排风量较小，当卫生间使用后产生大量的潮湿或污浊空气须迅速排出，因此不能代替卫生间通风器。

3）机械进风，机械排风双向流系统构成及设计原则

（1）系统构成

送风系统：由设在卫生间外墙上的系统进风口、送排风机箱、送风管道和各通风房间内墙上送风口组成。

排风系统类型一：由各通风房间排风口、排风管道、送排风机箱和设在卫生间外墙上的系统排风口组成（由于系统的送、排风口都设在卫生间的外墙上，设计时应尽可能增大这两个风口之间的间距）。

排风系统类型二：由各通风房间排风口（排风通过房间内门与地面的缝隙渗漏）、送排风机箱和设在卫生间外墙上的系统排风口组成（采用这种系统要特别注意：房间送风口应尽可能远离房间内门，避免送、排风气流短路；系统运行时卫生间门应关闭，才能保证各通风房间的排风进入卫生间，最后经送排风机箱排出）。

送、排风机均采用两挡风量调节手动控制方式。送、排风机组合在一个箱体内，可根据需要在箱体内设置全热交换器。

采用第二种类型的排风系统时，由于不设置排风管，送、排风机可单独设置，如：送风机设在储藏室，排风机设在卫生间，这样可以使系统进风口和排风口保持更远的距离。如果风量合适，排风机可以和卫生间换气扇合用。

（2）气流组织

室外清洁空气经系统进风口取风，由送风机、送风管道送入各通风房间，经各房间排风口进入排风管道（或经门缝隙渗漏），最后由设在卫生间的排风机排出室外。

（3）系统总风量

系统总风量（m³/h）＝每户通风面积（m²）×房间净高×1（次/h）

4）机械送风，自然排风单向流系统构成及设计原则

（1）系统构成

由外墙上的系统进风口、送风机箱、送风管道和各通风房间内墙上送风口组成。

送风机箱可设在储藏室、厨房、过厅及内走道等地方，应尽量使送风管道不影响卧室、书房及客厅的净高。

（2）气流组织

室外清洁空气经系统进风口取风，由送风机、送风管道送入各通风房间，经门窗缝隙排出室外。

（3）系统总风量

系统总风量（m^3/h）＝每户通风面积（m^2）×房间净高×1（次/h）

5）带动力的窗、墙式通风器系统

这种系统是机械通风系统中最简单的一种形式。将风量为 100～150 m^3/h，功率为 5～15 W 的微型风机组合到窗式或墙式风口中，对各通风房间进行机械送风，空气经门窗缝隙排出。具有系统简单，无风管，耗电小的优点。选择和安装窗式动力通风器时应特别注意避免风机运行振动带来的问题。《动力通风器》国家技术标准已列入编制计划中。

6）确定送、排风机的能效限值及噪声限值

送、排风机箱是系统的核心，选择符合标准的风机才能确保室内通风换气效果，而且使居室内不受风机运行噪声的干扰（特别是夜间运行时）。

风机的噪声限值应按照国家已颁布的技术标准《家用和类似用途电器噪音限值》GB 19606—2004 确定。

风机的能效比是另一重要性能参数。机械通风系统不但适用于房间空调采暖季节的通风换气，还可用于嘈杂地区不能开启外窗房间的平时通风。风机运行的时间会很长，应具有较高的能效比。

国家技术标准《家用和类似用途交流换气扇能效限定值及能源效率等级》即将颁布。该标准适用范围是：额定输入功率不大于 500 W，叶轮直径不大于 500 mm，由交流电动机驱动的换气扇。

根据上述国家技术标准，在《建筑通风器（户式机械通风系统）》DJBT—055 表 2.1"排风风机箱选型表"中，按房间通风面积的大小，选用了 5 种不同风量的排风机，排风机风量 200～460 m^3/h，机外余压 60～90 Pa，对应的风机功率 30～70 W，噪声 40～45 dB（A）。

7）自然进风、机械排风系统外墙上的房间进风口形式及选用

房间进风口的净面积应按 1～1.5 m/s 进风风速进行计算。

可根据建筑对外立面的要求，选择颜色，确定房间进风口的形式。

可用于自然进风、机械排风系统房间进风口的有以下几种：

①在 3.3.2 节介绍的窗式自然通风器和墙式自然通风器，可作为房间进风口。风口面积应按进风风速 1～1.5 m/s 进行核算。墙式自然通风器一般可安装在距地 1.5～1.8m 的位置。

②《建筑通风器（户式机械通风系统）》DJBT—055P16 中，窗式进风器 M1。这种进风口镶嵌在外窗窗框与窗户过梁之间，利用窗框与过梁之间的间隙安装。风口分为：室外防雨外气口、室内外连接套筒和室内进风口 3 个部分。不需在外墙上开孔，也不需占用外窗的面积，但由于窗框与过梁之间缝隙较小，一般只有 1.5 cm，使室内外连接套筒的断面高度受到限制，选用时应注意核实风口最窄处（连接套筒）的净面积，使选用的风口长度满足进风量要求。风口采用塑料型材制作。

8）机械通风系统外墙上的总进、排风口形式

目前，机械通风系统外墙上的总进、排风口普遍采用圆形风口。其外形与墙式自然通风器相似，由室外防雨风罩、穿墙管及室内风口 3 部分组成。风口的净面积应按 3～4 m/s 风速进行计算。应在外墙施工时预埋穿墙管部分。

9）风管的安装

风管安装应和建筑结构专业配合。卫生间顶板标高一般比其他房间顶板标高低400 mm，因此，排风管的顶标高一般低于梁底，可以不穿梁。这样会大大减少暖通和结构专业设计的繁杂程度，并保证房屋结构的安全。

10）日本住宅新风换气情况简介

2003 年 7 月日本建筑基本法修订：全国强制推行住宅全年 24 小时换气，换气次数 0.5次/h。

2008 年 5 月日本能源节约法修订，推广节能型换气设备（直流马达风机，设全热交换器）。

由于日本经济发达，在推行住宅新风换气的时候，所有住宅全部设有机械通风换气系统，由开发商进行室内装修时一起安装完成，再出售给用户。

日本住宅的外窗和外门气密性很好，习惯上一年四季不开窗自然通风，而全年依靠机械通风进行换气。卧室、书房及客厅的外墙上均设墙式风口自然进风。建筑面积在 60～80 m²的户型一般不设排风管，而是通过每个房间的门缝渗漏出去，由设在卫生间的集中排风口及排风机箱排出大气。日本厨房一般为开敞式（烹饪时一般不用煎、炸等方法），直接设在客（饭）厅内，同时也设有排油烟机，烹饪时开启排风。客厅通常设两个墙式通风口，以同时满足油烟机和机械通风所需的补风量。

3.3.4 公共建筑采暖、通风和空调节能设计要点

国家标准及重庆市地方标准《公共建筑节能设计标准》第 5 章对采暖、通风和空调节能设计作了详细要求（国家标准共包含了 6 个强制性条文）。本节设计要点中，（1）～（6）点为设计中必须遵守的强制性条文；（7）～（12）点为 2009、2010 年住建部节能检查条款；（13）～（17）点为推荐节能技术。

（1）国家标准条文 5.1.1 条（地方标准条文 5.1.5 条）：在施工图设计阶段，必须进行热负荷和逐项逐时的冷负荷计算。

计算要点：

①应按地方标准确定室内计算参数。室内设计参数依据国家标准的要求，结合重庆地区情况确定。

②围护结构 K 值与窗户遮阳系数应与《项目节能设计基本情况表》一致。

③房间照明功率密度值应符合《建筑照明设计标准》GB 50034 对照明功率密度值的规定（在本书第 3.4.2 节也可查到）。

当设计没有确切资料时，房间人员密度应符合国家标准附录表 B.0.6-1（地方标准附录

表 B.6.1-1、B.6.2-1、B.6.3-1 取值与该表相同)。

当设计没有确切资料时,房间电气设备功率应符合国家标准附录 B.0.7-1(地方标准附录表 B.7.1-1、B.7.2-1、B.7.3-1 取值与该表相同)。

④计算书应标明计算软件名称与版本;计算、校对、审核人员应签署完整。

(2)国家标准条文 5.4.2(地方标准条文 5.4.2):除了符合下列情况之一外,不得采用电热锅炉、电热水器作为直接采暖和空气调节系统的热源:

①电力充足、供电政策支持和电价优惠地区的建筑。

②以供冷为主,采暖负荷较小且无法利用热泵提供热源的建筑,且用煤、油等燃料受到环保或消防严格限制的建筑。

③无集中供热与燃气源,用煤、油等燃料受到环保或消防严格限值的建筑。

④夜间可利用低谷电进行蓄热、且蓄热式电锅炉不在日间用电高峰和平段时间启用的建筑。

⑤利用可再生能源发电地区的建筑。

⑥内、外区合一的变风量系统中需要对局部外区进行加热的建筑。

(3)国家标准条文 5.4.3(地方标准条文 5.4.3)锅炉的额定热效率,应符合表 3.15 的规定。

表 3.15　锅炉额定热效率

锅炉类型	热效率(%)
燃油、燃气蒸汽、热水锅炉	≥90

设计要点:设计文件中的设备表应依据本条文,注明所选用锅炉的热效率。

(4)国家标准条文 5.4.5(地方标准条文 5.4.5)电机驱动压缩机的蒸汽压缩循环冷水(热泵)机组,在额定制冷工况和规定条件下,性能系数(COP)不应低于表 5.4.5 的规定(表 5.4.5 略)。

表中要求与《居住建筑节能 50% 设计标准》相同。

(5)国家标准条文 5.4.8(地方标准条文 5.4.9)名义制冷量大于 7 100 W、采用电机驱动压缩机的单元式空气调节机、风管送风式和屋顶式空气调节机组时,在名义制冷工况和规定条件下,其能效比(EER)不应低于表 5.4.8 的规定(表 5.4.8 略)。

表中要求与《居住建筑节能 50% 设计标准》相同。

(6)国家标准条文 5.4.9(地方标准条文 5.4.10)蒸汽、热水型溴化锂吸收式冷水机组及直燃型溴化锂吸收式冷(温)水机组应选用能量调节装置灵敏、可靠的机型,在名义工况下的性能参数应符合表 5.4.9 的规定(表 5.4.9 略)。

表中要求与《居住建筑节能 50% 设计标准》相同。

(7)国家标准条文 5.3.6(地方标准条文 5.3.6)设计定风量全空气调节系统时,宜采取实现全新风运行或可调新风比运行的措施,同时应设计相应的排风系统。新风量的控制与工况的转换,宜采用新风和回风的焓值控制方法。

设计要点:空调机组的新风管、新风口大小应能满足系统全新风运行要求,新、回风总管上应分别设置多叶风量调节阀,便于季节转换时进行新、回风比调节。

(8)国家标准条文5.3.14(地方标准条文5.3.16)建筑物内设有集中排风系统且符合下列条件之一,宜设置排风热回收装置。排风热回收装置(全热和显热)的额定热回收效率不应低于60%。

①送风量不小于3 000 m³/h的直流式空气调节系统,且新风与排风的温度差大于或等于8 ℃。

②设计新风量不小于4 000 m³/h的空气调节系统,且新风与排风的温度差大于或等于8 ℃。

③设有独立新风和排风的系统。

该条文的节能意义:空调区域(或房间)排风中所含有的能量十分可观,加以回收利用可以取得很好的节能效益和环境效益。

当工程情况满足上述条件且热回收的能效比高于该空调系统的能效比时,应设置排风热回收装置。不能单从节约一次投资的角度来考虑问题。

(9)地方标准条文5.3.29(国家标准条文5.3.26)空气调节风系统的作用半径不宜过大。风机的单位风量耗功率(W_s)应按下式计算,并不应大于表3.16中的规定。

$$W_s = \frac{P}{3\ 600 \cdot \eta_t}$$

式中 W_s——单位风量耗功率,W/(m³/h);

P——风机全压值,Pa;

η_t——包含风机、电机及传动效率在内的总效率,%。

表3.16 风机的单位风量耗功率限值[W/(m³/h)]

系统型式	办公建筑		商业、旅馆建筑	
	初效过滤	初、中效过滤	初效过滤	初、中效过滤
两管制定风量系统	0.42	0.48	0.46	0.52
两管制变风量系统	0.58	0.64	0.62	0.68
普通机械通风系统	0.32			

设计要点:空调风系统、机械通风系统应进行系统总阻力计算。为了确保单位风量耗功率满足设计值,设计人员应在图纸的设备表上注明空调机组采用的风机全压、空调机组机外余压与风机最低总效率。当系统较大,设计人员担心风管实际安装后系统总阻力与计算值有差距,建议多考虑一点风压富裕量,并配置风机变频调速器(详3.3.6节——风机单位耗功率限值计算要点)。

(10)地方标准条文5.3.30(国家标准条文5.3.27)应进行水力计算,确定合理的空调冷、热水循环泵的流量和扬程,并选择水泵的设计运行工作点处于高效区。

空气调节冷热水系统的输送能效比(ER)应按下式计算,且不应大于表3.17中的规定值。

$$ER = \frac{0.002\ 342H}{\Delta T \cdot \eta}$$

式中　H——水泵设计扬程,m;

　　　ΔT——供回水温差,℃;

　　　η——水泵在设计工作点的效率,%。

表 3.17　空气调节冷热水系统的最大输送能效比(ER)

管道类型	空调热水管道	空调冷水管道
ER	0.004 33	0.024 1

设计要点:

①空调冷、热水系统水力计算是合理选择水泵扬程主要依据,如:某大型医院的外科大楼空调系统冷水泵扬程 45 m,阻力消耗不了,流量过大,导致电流过大,水泵电机被毁。

②设备表中应标明水泵工作点效率及系统的输送能效比(ER)(详 3.3.5 节——空调水系统输送能效比(ER)计算要点)。

③通过管网水力平衡计算,明确各并联环路之间的计算压力损失相对差额是否大于 15%,以便进行管路调整或设置水力平衡装置。

(11)国家标准条文 5.3.28(地方标准条文 5.3.31)空气调节冷热水管的绝热厚度,应按现行国家标准《设备及管道保冷设计导则》GB/T 15586 的经济厚度和防表面结露厚度的方法计算,建筑物内空气调节冷热水管亦可按本标准附录 C 的规定选用。

设计要点:

①附录 C 中的管道绝热材料之一——柔性泡沫橡塑不适用于 60 ℃以上介质温度。

②当选用柔性泡沫橡塑作为管道保温材料时,应在设备材料表中注明:该材料为难燃材料,烟密度等级小于 50(详《高层建筑设计防火规范》GB 50045—95(2005 版)第 8.5.7 条、《建筑设计防火规范》GB 50016—2006 第 10.3.16 条)。

(12)国家标准条文 5.3.29(地方标准条文 5.3.32)空气调节风管绝热材料的最小热阻应符合相应的规定(见表 3.18),或通过计算确定绝热材料的经济厚度。

表 3.18　室内空气调节风管绝热层的最小热阻

风管类型	最小热阻[(m² · K)/W]
一般空调风管	0.74
低温空调风管	1.08

根据条文说明,离心玻璃棉是目前空调风管绝热最常用的材料。当风管内温度为 15 ℃,离心玻璃棉密度为 32 ~ 48 kg/m³,按上表可以推算得离心玻璃棉计算经济厚度为 28 mm。当风管内温度为 5 ℃,按上表可以推算得离心玻璃棉计算经济厚度为 39 mm。

设计应注意的是,有的设计人员选用柔性泡沫橡塑作为风管保温材料是不恰当的。按《高层建筑设计防火规范》第 8.5.7 条及《建筑设计防火规范》第 10.3.16 条,风管宜采用不燃材料进行保温。

(13)国家标准条文 5.3.4,5.3.5(地方标准条文 5.3.4,5.3.5)下列全空气空气调节系统宜采用变风量空气调节系统。

①同一个空气调节风系统中,各空调区的冷、热负荷差异和变化大,低负荷运行时间较长,且需要分别控制各空调区温度。

②建筑内区全年需送冷风。

设计变风量全空气空气调节系统时,应采用变频自动调节风机转速的方式,并应在设计文件中标明每个变风量末端装置的最小送风量。

该条文的节能意义:变风量空调系统具有控制灵活、节能等特点,它能根据空调区负荷的变化,自动改变送风量;随着系统送风量的减少,风机的输送能耗相应减少。

设计时应注意,设备表中应标明每个变风量末端装置必须的最小送风量。以确保给空调区输送的新风量满足卫生标准的要求。

(14)国家标准条文5.3.18.5(地方标准条文5.3.22.5)系统较小、各环路负荷特性或压力损失相差不大时,宜采用一次泵系统;在确保系统运行安全可靠且具有较大的节能潜力和经济性的前提下,一次泵宜采用变速调节方式。

设计时应注意:当采用一次泵变流量系统时,设备表中应标注冷水机组允许的最小流量,供控制系统设计时采用,以确保系统及设备运行的安全可靠。

(15)国家标准条文5.3.18.6(地方标准条文5.3.22.6)系统较大、阻力较高、各环路负荷特性或压力损失相差悬殊时,应采用二次泵系统;二次泵宜根据流量需求的变化采用变频调速变流量调节方式。

根据条文说明,当系统较大、阻力较高(如:系统高差在100 m左右)、各环路压力损失相差悬殊(相差50 kPa)时,采用二次泵系统可做到"量体裁衣",避免无谓的浪费。而且二次泵的设置不受制冷机最小流量的约束,可方便地采用变流量控制和各环路的自由起停控制,负荷侧的流量调节范围也可以更大;尤其当二次泵采用变频控制时,其节能效果更好。

(16)水源热泵技术:根据《采暖通风与空气调节设计规范》GB 50019—2003 第7.3.3条:水源热泵机组采用地下水、地表水时,应符合以下原则:

①机组所需水源的总水量应按冷(热)负荷、水源温度、机组和板式换热器性能综合确定。

②水源供水应充足稳定,满足所选机组供冷、供热时对水温和水质的要求,当水源的水质不能满足要求时,应采取相应的有效的过滤、沉淀、灭菌、阻垢和防腐等措施。

③采用集中设置的机组时,应根据水源水质条件确定水源直接进入机组换热器或另设板式换热器间接加热,采用分散小型单元式机组时,应设板式换热器间接换热。

第7.3.4条水源热泵机组采用地下水作水源时,应采用闭式系统;对地下水应采用可靠的回灌措施,回灌水不得对地下水资源造成污染。

(17)冰蓄冷低温送风技术:根据《采暖通风与空气调节设计规范》GB 50019—2003 第7.5.1 条:在执行峰谷电价差较大的地区,具有下列条件之一,且经综合技术经济比较合理时,宜采用蓄冷蓄热空气调节系统:

①建筑物的冷、热负荷具有显著的不均衡性,有条件利用闲置设备进行制冷、制热;

②逐时负荷的峰谷差悬殊,使用常规空气调节会导致装机容量过大,且经常处于部分负荷下运行;

③空气调节负荷高峰与电网高峰时段重合,且在电网低谷时段空气调节负荷较小;

④有避峰限电要求或必须设置应急冷源的场所。

第7.5.3条:冰蓄冷系统形式,应根据建筑物的负荷特点、规律和蓄冰装置的特性等确定。

第7.5.13条:蓄冰空气调节系统供水温度及回水温度,宜满足下列要求:

①选用一般内融冰系统时,空气调节供回水宜为7～12 ℃。

②需要大温差供水(5～15 ℃),宜选用串联式蓄冰系统。

③采用低温送风系统时,宜选用3～5 ℃的空气调节供水温度;仅局部有低温送风要求时,可将部分载冷剂直接送至空气调节表冷器。

④采用区域供冷时,供回水温度宜为3～13 ℃。

3.3.5 空调水系统输送能效比(ER)计算要点

国家标准《公共建筑节能设计标准》中第5.3.27条中规定了全国严寒地区,夏热冬冷(寒冷地区)、夏热冬暖地区两管制及四管制空调水系统最大输送能效比,重庆市地方标准《公共建筑节能设计标准》中第5.3.28条,根据重庆市的具体情况做了简化处理,采用了其中夏热冬冷(寒冷)地区两管制空调水系统最大输送能效比。

重庆地方标准《公共建筑节能设计标准》中第5.3.28条:

应进行水利计算,确定合理的空调冷、热循环泵的流量和扬程,并选择水泵的设计运行工作点处于高效区。

空气调节冷热水系统的输送能效比(ER)应按下式计算,且不应大于表3.19的规定值。

$$ER = \frac{0.002\ 342H}{\Delta T \cdot \eta}$$

式中 H——水泵设计扬程,m;

ΔT——供回水温差,℃;

η——水泵在设计工作点的效率,%。

表3.19 空气调节冷热水系统的最大输送能效比(ER)

管道类型	空调冷水管道	空调热水管道
ER	0.024 1	0.004 33

1) 两管制空调冷水系统的最大输送能效比(ER)的确定

根据《公共建筑节能设计标准宣贯辅导教材》,能效比按如下条件计算:

空调系统的冷水供回水管道总长度为:500 m;

管道阻力 = 管道摩擦阻力 + 管道局部阻力

= 500 × 摩阻(1 + 0.3(局阻))

= 14 000 mm = 14 m

供回水温差:5 ℃;

水泵效率:70%。

因此,空气调节冷水系统的输送能效比(ER)按下式计算:

$$ER = \frac{0.002\,342H}{\Delta T \cdot \eta}$$
$$= \frac{0.002\,342 \times 36}{5 \times 70\%}$$
$$= 0.024\,1$$

2)空调冷水系统总阻力计算时的常见问题

表3.20 两管制空调冷水系统的总阻力计算表

冷水机组(板式换热器)阻力	水过滤器局阻	机房局阻	管道阻力	末端设备及控制阀	系统总阻力(水泵扬程)
7	3	3	14	9	36

对照表3.20,计算空调冷水系统总阻力时经常出现以下问题:

(1)错误认为

管道局部阻力 = 管道沿程摩擦阻力×50%,且其中包括了:过滤器局阻、机房阀门局阻、空调末端控制阀门局阻。

经计算发现,管路中的弯头、三通等管道附件的局部阻力之和一般为管道沿程阻力的30% ~ 50%,并不包含阀门、过滤器等阻力。计算时这一部分阻力被忽略掉,导致水泵扬程小于实际的系统总阻力。

(2)过低估计水过滤器及水处理装置的阻力

按《建筑给水排水设计规范》GB 50015—2009 第3.6.14 条:"水过滤器阻力为0.01 MPa(1 m 水柱)"。在表3.20 中,水过滤器的阻力取值为:3 m,显然这个取值中还包括了水处理装置的阻力。因此,计算时应根据具体情况进行取值。

(3)忽略空调末端机组控制阀的阻力

表3.20 中,空调末端机组及控制阀门的阻力为9 m。其中末端机组的阻力按冷水流量计算一般为3 ~ 5 m,而电子二通阀等阀门的阻力为3 ~ 5 m。

3)两管制空调热水系统的输送能效比的确定

根据《公共建筑节能设计标准宣贯辅导教材》能效比按如下条件计算(参见表3.21):

表3.21 空调两管制热水管道系统的最大输送能效比 ER 计算表

冷水/热水温差(℃)	系统阻力计算					
	冷/热负荷比	冷/热水流量比	水管道阻力(m)	机组和过滤器阻力(m)	末端及控制阀阻力(m)	系统总阻力(水泵扬程)(m)
5/15	1 : 1/3	1 : 1/3	2	10	6	18

空调系统的热水供回水管道长度为:500 m;

热/冷水流量比:1/3;

热水管道阻力 = (冷水管道阻力) × $(1/3)^2$ = 14 × $(1/3)^2$ ≈ 2 m;

热水供回水温差:15 ℃;

水泵效率:65%。

将以上数据代入公式:$ER = \dfrac{0.002\ 342H}{\Delta T \cdot \eta}$

$$ER = \frac{0.002\ 342H}{\Delta T \cdot \eta}$$
$$= \frac{0.002\ 342 \times 18}{10 \times 65\%}$$
$$= 0.043\ 3$$

4)热水系统阻力计算中的常见问题

设备及阀门等的局部阻力未按热水系统的流速进行计算。

从表3.22可以看出,各种设备的阻力随机组负荷的变化值很大。在多数情况下,重庆地区冬季空调热负荷约为夏季空调冷负荷的1/2,热水系统供回水温差一般为10 ℃,由此,热水流量大约是冷水流量的1/4。在两管制空调水系统中,夏季冷水流速为1.0~2 m/s时,冬季热水流速为0.25~0.5 m/s。如果仍按冷水流速计算设备阻力是非常不准确的。

表3.22 空调设备设备压力损失值

设备名称	压力损失(kPa)	对应水流速(m/s)
冷水机组	蒸发器 30~80 冷凝器 50~80	随机组负荷增大而增大
热交换器	20~50	随机组负荷增大而增大
风机盘管	10~30	随机组负荷增大而增大
自动控制调节阀	30~50	0.8~1.5

注:以上数据由部分空调厂家样本提供。

两管制空调水系统管径选择应综合考虑冷、热水循环的水流速度,使热水流速不至于太低,给空调机组的控制带来困难。

5)关于两管制空调热水系统最大输送能效比的探讨

由于该条文编制时的条件确定为:系统总阻力:18 m,供回水温差:15 ℃,水泵效率:65%,因此得到两管制空调热水系统最大输送能效比 = 0.004 33。

在实际工程中,大多数热水系统总阻力超过18 m,一般都在22 m以上;根据空调器厂家样本的要求,热水供回水温差一般定为10 ℃,如果水泵效率取:65%,则热水系统 ER = 0.002 342 × 22/(10 × 0.65) = 0.007 9 > 0.004 33,不能满足标准要求,只能采用提高水泵的效率的方法来满足要求,按照公式:

$$水泵效率\ \eta = \frac{0.002\ 342 \times H}{\Delta T \times ER} = \frac{0.002\ 342 \times 22}{10 \times 0.004\ 33} = 118\%$$

这个结果表明,当热水供回水温差小于 10 ℃时,靠提高水泵效率不可能达到标准的要求,只有加大热水供回水温差才能解决。但是风机盘管等空调末端机组的热水供回水温差一般限定为 10 ℃。

《全国民用建筑工程设计技术措施——暖通空调·动力》2009 版表 5.7.9 中已将该数值改成了 0.006 18,根据上述情况,建议重庆地方标准《公共建筑节能设计标准》对此进行调整。

3.3.6 风机单位风量耗功率限值计算要点

国家标准《公共建筑节能设计标准》中第 5.3.25 条中规定了办公建筑和商业旅馆建筑两管制、四管制定风量及变风量空调系统的风机单位风量耗功率限值。重庆市地方标准《公共建筑节能设计标准》中第 5.3.29 条,根据重庆市的具体情况做了简化处理,采用了其中两管制定风量及变风量空调系统的风机单位风量耗功率限值。重庆地方标准《公共建筑节能设计标准》中第 5.3.29 条。

空气调节风系统的作用半径不宜过大。风机的单位风量耗功率(W_s)应按下式计算,并不应大于表 3.23 中的规定。

$$W_s = \frac{P}{3\ 600 \times \eta_t}$$

式中　　W_s——单位风量耗功率,W/(m³/h);

P——风机全压值,Pa;

η_t——包括风机、电机及传动效率在内的总效率,%。

表 3.23　风机的单位风量耗功率限值[W/(m³/h)]

系统形式	办公建筑		商业、旅馆建筑	
	初效过滤	初、中效过滤	初效过滤	初、中效过滤
两管制定风量系统	0.42	0.48	0.46	0.52
两管制变风量系统	0.58	0.64	0.62	0.68
普通机械通风系统	0.32			

1)两管制定风量系统风机的单位风量耗功率限值的确定

表 3.24　各种空调风系统的最高全压标准值(Pa)

系统形式	办公建筑		商业、旅馆建筑	
	初效过滤	初、中效过滤	初效过滤	初、中效过滤
两管制定风量系统	780	900	860	980
两管制变风量系统	1 080	1 200	1 160	1 280
普通机械通风系统	600			

注:①本表根据国家标准《公共建筑节能设计标准》第 5.3.26 条条文说明编制。

②办公建筑的风管长度按不超过 90 m 考虑,商业建筑的风管长度按不超过 120 m 考虑。

根据《公共建筑节能设计标准宣贯辅导教材》,举例说明两管制定风量系统(初效过滤)最高全压值(参见表3.24)的计算过程:

空气过滤器阻力100 Pa(根据国家标准《空气过滤器》GB/T 14295—1993规定取值);

冷盘管风阻153 Pa(根据《采暖通风与空气调节设计规范》GB 50019—2003,采用当迎面风速2.5 m/s时,两管制六排管表冷器湿工况的阻力参数);

箱体内其他阻力50 Pa(主要为空调箱体内的一些气流突变或改变流向等引起的阻力);

风管阻力260 Pa(按风管长度90 m计算,包括摩阻和局阻);

消声设备阻力150 Pa(采用ZP100型消声器,送风二个,回风一个,每个阻力50 Pa);

风口阻力(含出风口动压)30 Pa。一般风口的全压损失在15~25 Pa,适当放到30 Pa进行计算。

富裕量37 Pa,用以弥补风机压头选择时考虑不周之处。

以上各项之和为780 Pa,即为办公建筑二管制(初效过滤)定风量系统的最高全压值。

空调系统使用的风机绝大多数为离心风机,其效率较高,采用皮带传动,计算公式中的取值为0.52。

因此,二管制定风量系统风机的单位风量耗功率限值 = 780/(3 600 × 0.52) = 0.42。

2)空调系统的风机单位风量耗功率计算实例

有的设计人员根据"风机单位风量耗功率"的字面意思,简单的用风机的功率和风量两个性能参数进行计算:W_s = 风机额定耗功率/风机额定风量。其实这样得到的计算结果和条文中W_s的意义相差甚远,既不能衡量风系统的能耗是否符合要求,也不能衡量风机的能效等级。

例3.1 某办公建筑的二管制定风量空调系统,采用两台柜式空调器。计算这两个系统的风机单位风量耗功率是否满足标准要求。空调箱性能参数如下:

柜式空调箱一:风量 = 6 000 m³/h,机组出口静压 = 250 Pa,风机功率 = 1.5 kW;

四排管,采用高效离心多翼风机,三相异步电机;

柜式空调箱二:风量 = 6 000 m³/h,机组出口静压 = 350 Pa,风机功率 = 2.5 kW;

四排管,采用高效离心多翼风机,三相异步电机。

计算过程如下:

①风机总效率:

按《通风机能效限定制及能效等级》GB 19761—2009表1,该型号风机最低效率为0.59;

根据《实用供热空调设计手册》第二版表12.2~表12.8"风机的传动效率",采用联轴器联接,传动效率:0.98;

电机效率按80%考虑,风机总效率 = 0.59 × 0.98 × 0.8 = 0.46。

②计算系统一(柜式空调箱一)风机单位风量耗功率 W_{s1}:

空调箱内阻力:初效尼龙过滤网100 Pa + 四排管91 Pa + 箱体内其他阻力50 Pa = 241 Pa;

空调风系统总阻力(风机全压):空调箱内阻力241 Pa + 风机出口静压250 Pa = 491 Pa;

$$W_{s1} = \frac{P}{3\ 600 \times \eta} = \frac{491}{3\ 600 \times 0.46} = 0.3\ \text{W/(m}^3/\text{h)};$$

③计算系统二(柜式空调箱二)风机单位风量耗功率 W_{s2} :

空调箱内阻力:初效尼龙过滤网 100 Pa + 四排管 91 Pa + 箱体内其他阻力 50 Pa = 241 Pa;

空调风系统总阻力(风机全压):空调箱内阻力 241 Pa + 风机出口静压 350 Pa = 591 Pa;

$$W_{s2} = \frac{P}{3\ 600 \times \eta} = \frac{591}{3\ 600 \times 0.46} = 0.35 \text{ W/(m}^3/\text{h)} 。$$

如果按字面意义来计算风机单位风量耗功率:

系统一(柜式空调箱一):风机耗功率/风机风量 = 1 500/6 000 = 0.25 W/(m³/h);

系统二(柜式空调箱二):风机耗功率/风机风量 = 1 500/6 000 = 0.25 W/(m³/h)。

从上面可以看出,当两台风机的全压值不同时,用这样的计算方式来比较风机的节能性能是没有意义的,其计算结果也是错误的。

例3.2 某大型商业建筑的二管制定风量空调系统,采用一台组合式空调器。计算系统的风机单位风量耗功率是否满足标准要求。空调器性能参数如下:

风量 = 40 000 m³/h,风机叶轮直径 φ710,机组出口静压 = 250 Pa,风机功率 = 1.5 kW,初、中效过滤,高效离心风机,三相异步四级电机,六排管。

计算如下:

①风机总效率按 52% 考虑;

②按照厂家产品样本,空调箱内阻力 = 500 Pa;风管部分计算总阻力 = 550 Pa;

系统总阻力 = 500 + 550 = 1 150 Pa(已经超过表3.24 中商业建筑空调系统最高全压标准值);

③系统风机单位风量耗功率 $W_s = P/(3\ 600 \times \eta) = 1\ 150/(3\ 600 \times 0.52) = 0.61 > 0.52$ W/(m³/h)(不满足标准要求);

④由于空调系统风机单位风量耗功率计算值未能满足标准要求,因此需提高风机的总效率,风机总效率应为: $\eta = P/(3\ 600 \times W_s) = 1\ 150/(3\ 600 \times 0.52) = 61.4\%$;

⑤对设计的指导作用:

应在设备表中注明对风机总效率的要求,给设备订货或招标提供依据。

当系统较大,设计人员担心风管实际安装后系统总阻力与计算值有差距时,建议多考虑一点风压富裕量,并配置风机变频调速器。

3.4 电气节能设计要点

3.4.1 供配电系统节能设计要点

(1)供配电压等级确定应符合下列原则:

①尽量选用较高的配电电压深入负荷中心。

②用电设备的设备容量在 100 kW 及以下或变压器容量在 50 kV·A 及以下者,可采用 380/220 V 供电,特殊情况也可采用 10 kV 供电。

③大容量用电设备(如空调系统制冷机组)宜采用 10 kV 供电。

(2)合理选定供电中心:将变压器(变电所)设置在负荷中心,可以减少低压侧线路长度,降低线路损耗。

① 380/220 V 供电半径不宜大于 200 m。

② 当受条件限制,且安装容量小于 150 kW 时,380/220 V 供电半径不应大于 250 m。

(3)变压器选择应符合下列要求:

① 应选用 D,yn11 接线的高效低耗变压器;

② 季节性负荷(如空调机组)或专用负荷(如体育建筑的场地照明负荷)宜设专用变压器,以降低变压器损耗。

③ 合理分配负荷,宜使变压器负荷率为 70% ~ 80%,特殊情况下可为 65% ~ 85%。

(4)三相照明配电干线的各相负荷宜分配平衡,其最大相负荷不宜超过三相负荷平均值的 115%,最小相负荷不宜小于三相负荷平均值的 85%。

(5)功率因数补偿

① 供配电设计应通过正确选择电动机,变压器的容量以及照明灯具启动器,降低线路感抗等措施,提高用电单位的自然功率因数。

② 当采用提高自然功率因数措施后,仍达不到电网合理运行要求时,应采用并联电力电容器作无功补偿,功率因数不应低于 0.9。功率因数补偿应符合下列原则:

a. 功率因数补偿宜采用就地补偿和变电所集中补偿相结合的方式。

b. 设在配(变)电所内的集中补偿宜采用无功自动补偿装置。

c. 除消防设备、电梯、自动扶梯、自动步行道以外,45 kW 及以上,其供电距离 30 m 以上负荷平稳的电动机设备宜采用就地补偿。

d. 当变电所母线电流最大相超过三相负荷电流平均值的 115%,最小相负荷电流小于三相电流负荷平均值的 85% 时,宜采用分相电容器补偿。

e. 当补偿电容器所在线路谐波较严重时,低压电容器宜串联适当参数的电抗器。

(6)合理选择导体截面,负荷线路尽量短,以降低线路损耗,当供给连续运行用电设备的低压配电干线容量较大、线路较长时,可适当增加导体截面,也可用经济电流密度的方法选择导体截面。

(7)计量

电能量计量:

① 应选用计量检定机构认可的用电计量装置。

② 由计算机监测管理的电能计量装置的检测参数,应包括电压、电流、电量、有功功率、无功功率、功率因数等。

③ 执行分时电价的用户,应选用具有分时计量功能的复费率电能计量或多功能电能计量装置。

④ 选择电流互感器时,应根据额定电压、准确度等级、额定变比和二次容量等参数确定,对负荷随季节变化较大的用户,建议采用负荷较宽的 S 级电流互感器。

⑤ 现场检验用标准器准确度等级。其准确度至少应比被检品高两个准确度等级,其他指示仪表的准确度等级应不低于 0.5 级,量限应配置合理。

冷热量计量装置:

① 冷热量计量装置产品的选用,须有《制造计量器具许可证》及产品准予生产、销售的核

准文件,以保证产品使用的合法性。

②中央空调冷热量计量可选用"热量表"模式和"计时计费"模式,以实现中央空调的分户计量、按量收费。

③冷热量计量装置为复合型计量器具,热量表一般由流量计、温度传感器和能量计算器3部分组成,"计时计费"模式一般由计费器和抄表系统(包括中继器、主机和计费软件)两部分组成。

④用于供、回水温度测量的铂热电阻敏感元件应优先选用 A 级精度,供、回水温度传感器应配对,两者误差应大小相等且方向相反。

⑤冷热量表的精度要求:常用流量≥100 m³/h 的冷热量表应选用 1 级表,其余可根据实际情况选用 2、3 级表。

3.4.2 电气照明节能设计要点

1)照明节能要求

照明节能设计应符合《建筑照明设计标准》GB 50034 的相关规定,其各类建筑照明功率密度值(*LPD*)不应大于表 3.25—表 3.30 的规定。

表 3.25 居住建筑每户照明功率密度值

房间类别	照明功率密度(W/m²)		对应照度值 (lx)
	现行值	目标值	
起居室			100
卧 室			75
餐 厅	7	6	150
厨 房			100
卫生间			100

表 3.26 办公建筑照明功率密度值

房间类别	照明功率密度(W/m²)		对应照度值 (lx)
	现行值	目标值	
普通办公室	11	9	300
高档办公室、设计室	18	15	500
会议室	11	9	300
营业厅	13	11	300
文件整理、复印、发行室	11	9	300
档案室	8	7	200

表3.27　商业建筑照明功率密度值

房间类别	照明功率密度（W/m²）		对应照度值（lx）
	现行值	目标值	
一般商店营业厅	12	10	300
高档商店营业厅	19	16	500
一般超市营业厅	13	11	300
高档超市营业厅	20	17	500

表3.28　宾馆建筑照明功率密度值

房间类别	照明功率密度（W/m²）		对应照度值（lx）
	现行值	目标值	
客房	15	13	—
中餐厅	13	11	200
多功能厅	18	15	300
客房层走廊	5	4	50
门厅	15	13	300

表3.29　医院建筑照明功率密度值

房间类别	照明功率密度（W/m²）		对应照度值（lx）
	现行值	目标值	
治疗室、诊室	11	9	300
化验室	18	15	500
手术室	30	25	750
候诊室、挂号厅	8	7	200
病房	6	5	100
护士站	11	9	300
药房	20	17	500
重症监护室	11	9	300

表 3.30　学校建筑照明功率密度值

房间类别	照明功率密度（W/m²）		对应照度值（lx）
	现行值	目标值	
教室、阅览室	11	9	300
实验室	11	9	300
美术教室	18	15	500
多媒体教室	11	9	300

2）功率密度值（LPD）的计算要求

①照明设计中不应将《建筑照明设计标准》GB 50034 中所规定的 LPD 限值作为计算照度的指标和确定光源数的依据。

②功率密度值（LPD）的计算除考虑光源的功率之外，还应考虑整流器或灯具变压器的功率。

③设计时按规定对照度标准进行分级提高或降低，其功率密度值（LPD）应按规定提高或降低。

④设有装饰性照明的场所，其装饰性照明安装容量 50% 应计入照明功率密度值（LPD）的计算。

⑤功率密度值（LPD）宜按下列公式计算：

$$LPD = \frac{Eav}{\eta s \cdot U \cdot K}$$

式中　Eav——平均照度$\left(Eav = \frac{\sum \Phi \cdot U \cdot K}{S}\right)$，lm/m²；

ηs——房间或场所内装设光源（含整流器或灯具变压器）的平均光效$\left(\eta s = \frac{\sum \Phi}{\sum P}\right)$，（lm/W）；

U——光通量的利用系数；

K——灯具的维护系数（0.7 ~ 0.8）；

$\sum \Phi$——房间或场所内装设光源的光通量总和，lm；

$\sum P$——房间或场所内装设光源（整流器或灯具变压器）安装功率总和，W；

S——房间或场所面积的总和，m²。

⑥设有局部重点照明的商业营业厅，其照明功率密度值（LPD）可增加 5 W/m²。

3）室内照明光源及灯具的选择

①照明光源及灯具的选择应符合《建筑照明设计标准》GB 50034 中的相关规定。

②一般照明场所不宜采用荧光高压汞灯,不应采用自镇流荧光高压汞灯,不宜采用白炽灯。

③在适合的场所应推广使用高光效、长寿命的荧光灯、高压钠灯和金属卤化物灯。

④选择荧光灯光源时,除有功能和装饰上的特殊要求外,应尽量采用高光效荧光灯光源,宜优先选用三基色 T8、T5 管荧光灯和紧凑型荧光灯。所选光源的平均光效(含整流器或灯具变压器)T8、T5 管荧光灯不宜低于 75 lm/W,紧凑型荧光灯不宜低于 45 lm/W。

⑤照明设计时,在特殊情况下需采用白炽灯时,其额定功率不应超过 100 W。一般可采用白炽灯的场所为:

要求瞬时启动和连续调光的场所,使用其他光源技术经济不合理时;

对防止电磁干扰要求严格的场所;

开关灯频繁的场所;

照度要求不高,且照明时间较短的场所;

装饰有特殊要求的场所。

⑥办公、商业营业厅、超市、车库、教室、图书馆、设备用房等宜优先选用大功率直管型三基色荧光灯。

⑦室内空间高度大于 4.5 m 且对显色性有一定要求的灯,以及体育场馆的比赛场地因对照明质量、照度水平及光效有较高的要求,宜采用金属卤化物灯。

⑧除有功能和装饰上的特殊要求外,在满足眩光限制和照明均匀度条件下,应优先选用效率高的灯具,宜选用敞开直接型照明灯具,不宜选用带保护罩的包合式灯具。

⑨办公建筑中设有集中空调的房间,可采用照明与空调一体化灯具。

4)室外照明光源及灯具的选择

①室外照明光源不应采用白炽灯,当有特殊需要时,其额定功率不应大于 100 W。

②功率大于 100 W 的室外照明光源,其光源光效不应低于 60 lm/W。

③除有特殊要求外,应优先选用高效气体放电灯、LED 灯及其他新型高效光源。

a. 居住区道路、公建周围道路及庭院照明、景观照明一般首选小功率金属卤化物灯,次选紧凑型荧光灯和细管径荧光灯,一般情况下不选用白炽灯。

b. 建筑物立面照明的外照明一般选用金属卤化物灯或高压钠灯;建筑物立面照明的内光外透照明可选用细管荧光灯。建筑物轮廓照明可选用 5～9 W 紧凑型荧光灯或高效的发光二极管,LED 灯带等。

④灯具的选择:

a. 在满足眩光限制条件下,应优先选用效率高的灯具。一般情况下首选敞开式直接型照明灯具,不宜选用带保护罩的包合式灯具。

b. 根据不同的现场状况、功能要求,选择光利用系数高的灯具。

c. 应选用具有光通量维持率高的灯具。

5)镇流器的选择标准

镇流器的选用除应符合《建筑照明设计标准》GB 50034 中 3.3.5 条的规定外,还应符合下列要求：

①荧光灯单灯功率因数不应小于 0.9。

②除荧光灯外的其他气体放电灯单灯功率因数不应小于 0.85。

6）照明控制方式

（1）应根据建筑物的建筑特点、建筑功能、建筑标准、使用要求等具体情况,对照明系统进行分散、集中、自动、经济实用、合理有效的控制。

①建筑物功能照明的控制：

a. 体育场馆比赛场地应按比赛要求分级控制,大型场馆宜做到单灯控制。

b. 候机厅、候车厅、港口等大空间场所应采用集中控制,并按天然采光状况及具体需要采取调光或降低照度的控制措施。

c. 影剧院、多功能厅、报告厅、会议室及展示厅等宜采用调光控制。

d. 博物馆、美术馆等功能性要求较高的场所应采用智能照明集中控制,使照明与环境要求相协调。

e. 宾馆、酒店的每间（套）客房应设置节能控制开关。

f. 大开间办公室、图书馆,厂房等宜采用智能照明控制系统,在有自然采光区域宜采用恒照度控制,靠近外窗的灯具随着自然光线的变化,自动点燃或关闭该区域内的灯具,保证室内照明的均匀和稳定。

②走廊、门厅等公共场所的照明控制：

a. 公共建筑如学校、办公楼、宾馆、商场、体育场馆、影剧院、候机厅、候车厅和工业建筑的走廊、楼梯间、门厅等场所的照明,宜采用集中控制,并按建筑使用条件和天然采光状况采取分区、分组控制措施。

b. 住宅建筑等的楼梯间、走道的照明,宜采用节能自熄开关,节能自熄开关宜采用红外移动探测加光控开关,应急照明应有应急时强制点亮的措施。

c. 旅馆的门厅、电梯大堂和客房层走廊等场所,采用夜间定时降低照度的自动调光装置。

d. 医院病房走道夜间应采取能关调部分灯具或降低照度的控制措施。

③道路照明和景观照明的控制：

a. 道路照明应根据所在地区的地理位置和季节变化合理确定开关灯时间,并应根据天空亮度变化进行必要修正,宜采用光控和时间控制相结合的智能控制方式。

b. 道路照明采用集中遥控系统时,终端宜具有在通信中断的情况下自动开关的控制功能;在采用光控、程控、时间控制等智能控制方式时,应具有手动控制功能;同一照明系统内的照明设施应分区或分组集中控制。

c. 道路照明采用双光源时,在"深夜"应能关闭一个光源;采用单光源时,宜采用恒功率及功率转换控制,在"深夜"能转换至低功率运行。

d. 景观照明应具备平日、一般节日,重大节日开灯控制模式。

（2）应根据照明部位的灯光布置形式和环境条件选择合适的照明控制方式。

①房间或场所装设有两列或多列灯具时,宜按下列方式分组控制：

a. 所控灯列与侧窗平行;

b. 生产场所按车间、工段或工序分组;

c. 电化教室、会议厅、多功能厅、报告厅等场所,按靠近或远离讲台分组。

②有条件的场所,宜采用下列控制方式:

a. 天然采光良好的场所,按该场所照度自动开关灯光或调光;

b. 个人使用的办公室,可采用人体感应或动静感应等方式自动开关灯。

③对于小开间房间,可采用智能化面板开关控制,每个照明开关所控光源数不宜太多,每个房间的开关数不宜小于两个(只设置1只光源的除外)。

(3)功能复杂、照明环境要求较高的建筑物,宜采用专用智能照明控制系统,该系统应具有相对的独立性,宜作为 BA 系统的子系统,应与 BA 系统有接口。建筑物仅采用 BA 系统而不采用专用智能照明控制系统时,公共区域的照明宜纳入 BA 系统控制范围。

大中型建筑,按具体条件采用集中或分散的、多功能或单一功能的自动控制系统;高级公寓、别墅宜采用智能照明控制系统。

(4)应急照明应与消防系统联动,保安照明应与安防系统联动。

7)充分利用自然光源

应充分利用天然光,有条件时,宜随室外天然光的变化自动调节人工照明照度;宜利用各种导光和反光装置将天然光引入室内进行照明;宜利用太阳能作为照明能源。

①应根据工程的地理位置,日照情况来进行经济、技术比较,合理的选择导光或反光装置。对日光有较高要求的场所直采用主动式导光系统;一般场所可采用被动式导光系统。

②采用天然光导光或反光系统时,必须同时采用人工照明措施,人工照明的设计和安装应遵循国家及行业相关标准和规范。天然光导光、反光系统只能用于一般照明,不可用于应急照明。

③当采用天然光导光或反光系统时,宜采用照明控制系统对人工照明进行自动控制,有条件时可采用智能照明控制系统对人工照明进行调光控制,当天然光对室内照明达不到照度要求时,控制系统自动开启人工照明,直到满足照度要求。

3.4.3 建筑设备节能设计要点

1)建筑设备的节能设计应满足监控对象的工艺和控制要求

2)电动机的选择、启动及运行规定

①应选用高效节能的电动机。

②风机、泵类负载宜选用普通鼠笼型电动机。

③电动机功率的选择,应根据负载特性和运行要求,使之工作在经济运行范围内。电动机的负荷率宜为 0.8~0.9。

④功率在 200 kW 及以上的电动机,宜采用 10(6) kV 高压电动机。

⑤当符合《通用用电设备配电设计规范》GB 50055 第 2.3.3 条第 1 款的规定时,电动机

启动应优先采用直接启动方式。

⑥当电动机采用降压启动方式时,宜采用恒频变压软启动器。

⑦异步电动机采用调压节能措施时,需经综合功率损耗、节约功率计算及启动转矩、过载能力的校验,在满足机械负载要求的条件下,使调用的电动机工作在经济运行范围内。

⑧在安全、经济、合理的条件下,异步电动机宜采取就地补偿无功功率,提高功率因数,降低线损。

⑨当采用变频器调速时,电动机的无功电流不应穿越变频器的直流环节,不可在电动机处设置补偿功率因数的并联电容器。

⑩功率在 50 kW 及以上的电动机,应单独配置电压表、电流表、有功电能表,以便监测与计量电动机运行中的有关参数。

3)电梯的选择和控制要求

①应根据建筑性质、楼层、服务对象和功能要求进行电梯客流分析,合理确定电梯的型号、台数、配置方案、运行速度、信号控制和管理方案。

②当装有两台电梯时,应选择并联控制方式;当有 3 台及以上电梯集中设置时,应选择群控控制方式。

③在一段时间内,无呼梯及轿内指令时,应能自动切断照明和风扇电源。

④自动扶梯与自动人行道在全线各段均为空载时,应能自动暂停或低速运行。

4)空调系统

(1)冷冻水及冷却水系统

①当技术可靠、冷水机组自身控制条件允许时,宜对冷水机组出水温度进行优化设定。

②冷水机组的冷水供、回水设计温差不应小于 5 ℃。在技术可靠、经济合理时,宜将运行参数和控制参数作相应调整,加大冷水供、回水温差,减少流量,实现节能。

③间歇运行的空气调节系统,宜采用按预定时间进行最优启、停等节能控制方式。

④根据冷冻水供、回水温差及流量值,自动监测建筑物实际消耗冷量(包括冷量的瞬时值和累积值),优化设备运行台数和运行顺序的控制。

⑤采用空调变流量系统时,变速泵不宜采用流量作为被控参数。

⑥当空调变流量系统采用变速泵时,供、回水总管上不宜设置旁通电动阀。

⑦当空调水系统末端设备采用电动三通阀时,空调水系统不应设置压差旁通控制。

⑧一次泵系统:

a.冷水机组的运行台数选择

●对于规模较小、负荷侧流量变化不大的工程,可根据回水温度(或供、回水温差)调节机组运行台数,调节方式为自动监测、手动操作。

●对于规模较大、负荷侧流量变化较大、自动化程度要求较高的工程,应优先确定采用冷量控制机组的运行台数,设计时应给出分台数控制的边界条件。

●水机组及相关设备应有相应的启、停联锁。

b.冷冻水泵的运行台数选择。与冷水机配套的水泵通常采用一机对一泵,冷冻水泵运行台数也可根据冷量变化确定。

c.冷冻水泵变频调节控制：

● 经过对设备的适应性、控制系统方案等技术论证后，在确保系统安全可靠且具有较大节能潜力和经济性的前提下，可采用与控制设备相适应的变频调节控制方式，并与采用变速调节控制的冷水机组的频率相协调。

● 根据供、回水压差，控制冷冻水泵的转速。对具有陡降型特性曲线的水泵，采用压差控制方式较有利。

● 应设置冷冻水泵的最低频率，最低频率与水泵的堵转频率和冷水机组最小流量有关。

● 一台变频器宜控制一台水泵，多台水泵并联运行时，其频率宜相同。

● 空调水系统的末端应采用电动二通阀进行控制。

⑨二次泵系统：

a.冷水机组的运行台数选择。根据一次环路的供、回水温差和流量计算出冷量的实际需求，确定冷水机组运行台数。

b.初级泵的运行台数选择。与冷水机组台数的控制方式相同，通常初级泵与冷水机组联锁启停。

c.次级泵的运行台数选择：

● 对于具有陡降型特性曲线的水泵，可采用压差控制确定其运行台数，但系统转换的稳定性和控制精度受到限制。

● 根据用户侧测定的流量值与次级泵设定流量值相比较，确定次级泵运行台数。

d.次级泵变速调节控制。

● 采用变速调节控制比采用水泵台数控制的方法更节能。

● 宜采用供、回水压差或采用系统出口总管压力信号进行控制。在保证供、回水温差的同时，也可根据典型立管环路末端最不利处压差信号进行控制。

● 采用变速调节控制时，其运行水泵的频率宜相同。并应设置最低频率，以防止水泵堵转。

● 二次泵空调水系统的末端应采用电动二通阀进行控制。

⑩冷却水系统：冷却水侧的变频调节控制方式和调速范围应充分考虑冷水机组的效率，同时兼顾冷水机组和冷却塔的最小流量的要求。

a.冷却水泵的变频调节控制。

● 根据冷却水供、回水温度及温差，控制冷却水泵的转速，当温度仍高于设定值时，应增加冷却塔风机运行的台数或提高风机的转速。

● 一台变频器宜控制一台水泵，多台水泵并联运行时，其频率宜相同。

b.冷却塔风机的节能控制。

● 冷却塔风机的运行台数选择。根据冷却水回水温度确定冷却塔风机运行的台数。

● 冷却塔的变频调节控制。根据冷却水进水温度控制冷却塔风机运行的速度，在条件允许时，可采用一台变频器控制多台冷却塔风机。

c.对冬季或过渡季存在一定量供冷需求的建筑，在室外气候条件允许时，采用冷却塔直接提供空调冷水。关闭冷水机组及相关的电动蝶阀，开启板式换热器相关电动蝶阀，实现冷水机组与板式换热器之间的切换。

⑪水源热泵系统：

a. 当循环水温度 $T_x \geqslant 30$ ℃时,自动切换为夏季工况(与夏季相关的阀门打开,相应的冬季阀门关闭),启动并运行冷却水系统。

b. 当 20 ℃ $< T_x < 30$ ℃时,通常认为是过渡季节,冷却水系统和辅助热源系统自动关闭。

c. 当循环水温度 $T_x \leqslant 13$ ℃时,自动切换为冬季工况(与冬手相关的阀门打开,相应的夏季阀门关闭),辅助热源系统工作。

d. 根据循环水温度,控制循环水泵的转速和冷却塔运行台数或转速。控制转速时,应设置最低频率,以防堵转。

e. 水源热泵系统的其他配套设备(例如:冷冻水,冷水机组侧等)的控制内容与上述内容相近,不再赘述。

(2)冰蓄冷系统

①冰蓄冷系统常用的运行工况有:蓄冰,蓄冰装置单独供冷、制冷机单独供冷、制冷机与蓄冰装置联合制冷等,工况的转换宜通过对阀门和水泵的自动控制来实现。

②冰蓄冷系统控制策略:

a. 蓄冷装置优先,以蓄冷装置融冰供冷为主,当空调负荷大于蓄冰装置的融冰能力时,启动制冷机补充冷量。此方法节省电费较多,但运行控制复杂。

b. 制冷机优先,以制冷机制冷为主,当空调负荷大于制冷机容量时,启动蓄冷装置补充冷量,此方法控制简单、运行可靠,但蓄冷装置利用率较低,节省电费不多。

c. 冰蓄冷系统应对冰槽的进出口溶液温度、蓄冰槽的液位,调节阀的阀位以及流量等进行监测。

d. 冰蓄冷系统的二次冷媒侧换热器应设置防冻保护控制。

e. 开式系统宜在回液管上安装压力传感器和电动阀控制。

(3)热交换系统

①根据二次侧出水温度值与设定值之差,通过电动阀自动调节一次侧热媒的流量。

②根据二次侧供、回水压差控制压差旁通阀的开度,维持压差在设定的范围内(末端应是二通阀调节)。

③根据二次侧供、回水温差和流量,确定热水泵运行台数。

④根据二次侧供、回水压差控制热水泵的转速,保持压差在设定的范闹内(供、回水总管不设旁通电动阀)。

⑤多台热交换器及热水泵并联设置时,在每台热交换器的二次侧进水处设置电动蝶阀,根据二次侧供、回水温差和流量,调节热交换器的台数。

⑥根据二次侧供、回水温差和流量,自动监测建筑物实际消耗热量(包括瞬时热量和累积热量),优化设备运行台数和运行顺序的控制,并可作为计量和经济核算的依据。

⑦热水泵停止运行时,一次侧电动阀应关闭,二次侧电动蝶阀也应关闭。

⑧当采用市政热源时,一次侧可采用电动二通阀调节流量。当单独设置锅炉提供热源时,必须采用电动三通阀进行流量调节。

(4)通风及空气调节系统

①以排除房间余热为主的通风系统,宜根据房间温度控制通风设备的运行台数或转速。

②地下停车库的通风系统控制方式:

a.定时启停风机(运行台数)。

b.根据车库内CO浓度自动控制风机启、停和运行台数。

③当采用人工热、冷源对建筑物进行预热或预冷时,新风系统应能自动关闭。当采用室外空气进行预冷时,应尽量利用新风系统。

④在人员密度相对较大且变化较大的房间,宜设CO_2浓度检测装置,根据室内CO_2浓度值调节风机的速度,使其浓度始终保持在卫生标准规定的限值内。

⑤系统过滤网两端压差超过设定值时报警,提示清洗或更换,减少风机能耗,并应设置强制停机的功能。

⑥当排风系统采用转轮式热回收装置时,风机及转轮等宜联动控制。

⑦在中央管理工作站,根据昼夜室外温湿度参数和事先排定的工作及节假日作息时间表等条件,自动(或手动)修改最小新风比、送风参数和室内温湿度参数设定值等。

⑧新风机组的节能控制:

a.根据送风温度与设定值之差,自动调节电动阀的开度。

b.根据送风湿度与设定值之差,自动调节加湿阀(通常在冬季)。

c.风机启停与新风风门、电动阀应设开闭联锁。

⑨空调机组的节能控制:

a.根据回风(或室内)温度与设定值之差,自动调节电动阀的开度。

b.根据回风(或室内)湿度与设定值之差,自动调节加湿阀(通常在冬季)。

c.风机启停与风门、电动阀应设开闭联锁。在有回风的系统中,新风阀、回风阀应联锁控制。

d.根据回风CO_2浓度,调节新风、回风和排风阀的开度,在满足卫生标准规定的条件下,应确定在最小新风比下运行。

e.根据室内外焓值的比较,自动调节新风、回风和排风阀的开度,并结合室内外干球温度,实现变新风比焓值控制方式。

f.在室外温度低于室内温度时,应充分利用室外的低温调节室内温度。焓差控制器由控制器比较室外温度及回风温度高低而控制各风阀开度。风量控制,可采用自动和手动双重方式,由温(湿)度的检测,经过风阀和变速双重调节,达到室内设定的温湿度。

⑩风机盘管的节能控制:

a.手动控制风机三速开关和风机启停。

b.手动控制风机三速开关和风机启停,电动水阀由室内温控器自动控制。

c.风机启停与电动水阀应设联锁。

d.冬夏均运行的风机盘管,其温控器应设季节转换:

● 温控器设置手动转换开关;

● 对于二管制系统,通过在风机盘管供回水管上设置箍型温度开关,实现季节自动转换功能。在条件允许时,实现统一集中的季节转换。

e.通过灯光智能控制装置或客房智能控制器等不同控制方式,实现对风机盘管的三速开关及电动水阀的集中控制,满足房间温度的自动调整和不同温度模式的设定。

f.房间温控器应设于室内有代表性的位置,不应靠近热源、灯光及外墙,不宜将温控器设置在床头柜等封闭空间中或集中放置。

(5)变风量控制系统

采用变风量系统时,风机应优先采用变速控制方式,并对系统最小风量进行控制。风机变速控制的方法有:

①总风量控制法。根据所有变风量末端装置实时风量之和,控制风机转速,调节送风量,此方法较容易实现。

②变静压控制法。尽可能使送风管道静压值处于最小状态。此方法对技术和软件要求较高,是最节能的方法,只有经过充分的论证和有技术保障时,方可采用。

③定静压控制法。根据送风静压值控制风机转速。控制简单、运行稳定,节能效果不如前两种方法。

(6)中央空调变流量控制系统

①冷冻水控制子系统:变流量控制器设定冷冻水供、回水温度为某一特定值,冷水机组控制冷冻水供水温度为该相应值,变流量控制器根据回水温度控制冷冻水泵的转速,凋整冷冻水流量。

②冷却水控制子系统:变流量控制槽设定冷冻水供、回水温度为某一特定值(即供、回水温差为特定值),变流量控制器根据供、回水温度和温差,控制冷冻水泵的转速,调整冷却水流量。

③冷却塔风机控制子系统:变流量控制器将冷却水回水温度设定在某一特定值,变流量控制器根据进水温度变化,控制冷却塔风机的转速,使冷却水的进水温度保持在设定值上。

④中央控制系统实现对系统的参数进行优化设置,监测系统的运行状态,统一协调各子系统的控制,提供系统运行管理的各项功能。

⑤中央控制系统对冷水机组一般只监测不控制,在冷水机组开放通信协议时,可以实现启停控制,并可根据空调系统的运行状态和控制模式的要求对冷水机组的参数进行优化设置。

5)给排水系统

(1)要点

①为实现给排水系统的节能控制,应对生活给水、回水及排水系统的水泵、水箱(水池)的水位及系统压力进行监测。

②应根据水位及压力状态,自动控制相应水泵的启停,自动控制系统主、备用泵的启停顺序。

③应对系统故障、超高(低)水位及超时间运行等进行报警。

(2)给水系统

①高位水箱给水系统:

a.对高位水箱的水位采用液位变送器进行测量,根据高位水箱的水位,自动控制给水的启停,并监视溢流流水位及低水位报警。

b. 对生活水池水位采用液位变送器进行测量,监视溢流水位及低水位报警,并根据溢流水位报警信号,自动停止给水泵。

c. 监视水泵的运行、故障及手/自动状态,自动累计设备运行时间,确定主、备用泵的轮换并作出维护提示。

②恒压变频给水系统的控制:

a. 由压力测量变送器测量水管出口压力,控制水泵的启停,调节给水泵的转速,以保持供水厂压力的恒定。

b. 监视变频器的工作状态、故障状态、频率状态、频率控制、变频器电源开关控制等。

c. 多台水泵并联供水时,可采用调速泵、定速泵混合供水,调速泵及定速泵应有轮换控制。

d. 监视水泵的运行、故障及手/自动状态,自动累计设备运行时间,确定主、备用泵的轮换并作出维护提示。

e. 对水箱(水池)的水位采用液位变送器进行测量,监视溢流水位及低水位报警,并根据溢流水位报警信号,自动停止给水泵。

③中水恒压变频供水系统的控制:中水恒压变频供水系统的控制要求与恒压变频给水系统基本相同,并应增加根据中水水箱的液位控制自来水补水电磁阀的功能。

(3)排水系统

①根据集水坑(池)液位的高低,自动控制相应的排水泵的启停,并对溢流报警水位发出报警。

②监视水泵的运行、故障及手/自动状态,自动累计设备运行时间,作出维护提示。

③给排水系统的各种水泵的控制也可根据物业管理的具体要求采用定时、定水位的控制方式。

3.5 给排水节能设计要点

3.5.1 给水节能设计要点

1)给水节能设计依据

应按现行《建筑给水排水设计规范》(GB 50015—2003,2009 年版)选取给水用水定额。当采用中水、雨水等作为冲厕等其他用水时,应减去此部分用水定额。

2)采用合理的供水系统

①充分利用市政供水压力。

②小区给水系统设计应综合利用各种水资源,宜实行分质供水,充分利用再生水、雨水等非传统水源;优先采用循环和重复利用给水系统。

③高层建筑给水系统分区:

a.各分区最低卫生器具配水点处的静水压不宜大于 0.45 MPa;

b.静水压大于 0.35 MPa 的入户管(或配水横管),宜设减压或调压设施;

c.各分区最不利配水点的水压,应满足用水水压要求。

④居住建筑入户管给水压力不应大于 0.35 MPa。

⑤居住小区的供水系统:

a.当居住小区采用小区集中供水系统时,宜根据小区的规模、建筑物布置等情况采用集中或相对集中的供水泵站。

b.供水泵站宜在供水范围内居中或靠近水量最大的用户布置,应避免室外供水管线过长,造成水泵扬程增大。

3)加压供水方式的选择

常用的加压供水方式及其能耗比较见表 3.31 所示。

表 3.31　常用供水方式比较表

序号	供水方式	水泵运行工况	能耗情况	供水安全稳定性	消除二次污染	一次投资	运行费用
1	高位水箱供水	均在高效段运行	1	好	差	1	1
2	气压供水	比 1 稍差	>1	比 1 差	较差	<1	稍 >1
3	变频调速供水	部分时间低效运行	1~2	比 1 差	较差	<1	>1
4	管网叠压供水	比 3 稍差	≈1	差	好	<1	≈1

注:一次投资包括供水设备、水池、水箱及设备用房等,运行费用指电费。

由上表可知,从节能节水比较,4 种常用供水方式中高位水箱供水和管网叠压供水占有优势,但在工程设计中,在考虑节能节水的同时,还需兼顾其他因素,综合考虑选用合理的供水方式。

在有条件设置高位水箱且允许采用管网叠压供水的地方,可采用常速泵组 + 高位水箱管网叠压供水的供水方式,这样最节能节水。优点如下:

①可利用市政供水压力;

②水泵 $Q = Q_h$(最大日最大时流量),为变频调速泵组流量 q_s(设计秒流量)的 1~1/3;

③水泵均在高效段运行;

④高位水箱供水安全、稳定、节水。

4)供水设备

(1)常速泵的选择

①水泵的 $Q\text{-}H$ 特性曲线,应是随流量的增大,扬程逐渐下降的曲线。

②应根据管网水力计算进行选泵,水泵应在高效区内运行。

③采用管内壁光滑、阻力小的给水管材,适当放大管径以减少管道的阻力损失和水泵

扬程。

（2）气压供水设备的选择

①气压水罐内的最低工作压力,应满足管网最不利点处的配水点所需水压。

②气压水罐内的最高工作压力,不得使管网最大水压处配水点的水压大于0.55 MPa,且应设置入户管减压措施,控制入户管处供水压力。

③气压供水设备的其他要求见《建筑给水排水设计规范》GB 50015—2003（2009 年版）第3.8.5节。

（3）变频调速泵组的选择

① 变频调速供水适用于每日用水时间较长、用水量经常变化的场所。从节能考虑,系统宜有一定的用水量规模。

②变频调速供水宜采用恒压变量的方式运行。大型区域低区泵站可采用变压变量方式运行。

③水泵（组）的设计流量 Q_j 需符合如下要求：

a. 建筑内系统的设计流量应按设计秒流量确定；

b. 供水规模小于3 000 人的居住小区的设计流量应按设计秒流量确定；

c. 供水规模大于3 000 人的居住小区的设计流量应按最大小时流量确定；

d. 不同用水性质的建筑共用同一系统时,不宜将各栋建筑的设计流量直接叠加。建议在分析它们同时发生可能性的基础上,结合有关规范（程）综合确定。

（4）管网叠压供水设备的选择

①在市政供水范围内,生活（生产）给水系统采用管网叠压供水时,应经当地供水行政主管部门及供水部门同意。

②以下区域不得采用叠压供水：

a. 经常性停水的区域；

b. 供水干管可资利用的水头过低的区域；

c. 供水干管压力波动过大的区域；

d. 采用管网叠压供水后,会对周边现有（或规划）用户用水造成严重影响的区域；

e. 供水干管的总量不能满足用水需求的区域；

f. 供水干管管径偏小的区域；

g. 当地供水行政主管部门及供水部门认为不得使用的区域。

③以下用户不得采用管网叠压供水：

a. 用水时间过于集中,瞬间用水量过大且无有效调储措施的用户（如学校、剧院、体育场馆）；

b. 供水保证率要求高,不允许停水的用户；

c. 对有毒物质、药品等危险化学物质进行制造、加工、储存的工厂、研究单位和仓库等用户（含医院）。

5）节水器具、仪表

（1）采用节水器材、器具既节水又节能

①给水水嘴应采用陶瓷芯等密封性能好、能限制出流流率并经国家有关质量监测部门

检测合格的节水水嘴。

②大、小便器应采用节水型产品,坐便器水箱容积不大于 6 L。

③公共浴室及设公共淋浴器的场所,宜采用设有可靠恒温混合阀等阀件或装置的单管供水,有条件的地方宜采用高位混合水箱供水;多于 3 个淋浴器的配水管道,宜布置成环状。

④公共卫生间宜采用红外感应水嘴、感应式冲洗阀小便器、大便器等,消除长流水的水嘴和器具。

（2）合理配置水表等计量装置

①建筑物的引入管、住宅的入户管及公用建筑物需计量的水管上均应设置水表。

②水表的选择、安装等均应符合《建筑给水排水设计规范》GB 50015—2003 的有关条款的要求。

③大专院校、工矿企业的公共浴室、大学生公寓、学生宿舍公用卫生间的淋浴器宜采用刷卡用水。

3.5.2 热水系统节能设计要点

1) 热源选择

集中热水供应系统的热源选择顺序

①利用工业余热、废热、地热,既节能又消除污染。

②地热水资源丰富且允许开发的地区,可用做热源,也可直接用做生活热水。

③凡当地日照时数大于 1 400 h,年太阳辐射量大于 4 200 MJ/m² 的地区,可采用太阳能做为热源。

④具备可再生低温能源的下列地区可采用热泵热水供应系统:

a. 在夏热冬暖地区,宜采用空气源热泵热水供应系统;

b. 在地下水源充沛、水文地质条件适宜,并能保证回灌的地区,宜采用地下水源热泵热水供应系统;

c. 在沿江、沿海、沿湖、地表水源充足,水文地质条件适宜,及有条件利用城市污水、再生水的地区,宜采用地表水源热泵热水供应系统。

⑤当没有条件利用工业余热、废热、地热或太阳能等热源时,宜优先采用能保证全年供热的热力管网作为集中热水供应的热源。

⑥上述条件不可利用时,可设燃油、燃气热水机组或电蓄热设备等供给集中热水供应系统的热源或直接供给热水。

⑦升温后的冷却水,当其水质符合本规范第 5.1.2 条规定时,可作为生活用热水。

局部热水供应系统的热源可因地制宜的采用太阳能、空气源热泵、燃气、电等。当采用电能为热源时,宜采用储热式电热水器,以降低电功率。

2) 基本参数的合理选择与设计

（1）热水用水定额

应按《建筑给水排水设计规范》GB 50015—2003（2009 年版）的规定选择,推荐按规范

"热水用水定额"的低值选用。

（2）热水量、耗热量计算

按《建筑给水排水设计规范》GB 50015—2003（2009 年版）第 5.3 节相应条款及公式计算。

（3）供水水温

热水供水温度宜控制在 55～60 ℃，温度大于 60 ℃时，一是将加速设备与管道的结垢和腐蚀，二是系统热损失增大耗能，三是供水的安全性降低，而温度小于 55 ℃时，则不易杀死滋生在温水中的各种细菌，尤其是军团菌之类致病菌。

（4）供水水质及水质处理

集中热水供应系统的原水的水处理，应根据水质、水量、水温、水加热设备的构造、使用要求等因素经技术经济比较按下列规定确定：

①当洗衣房日用热水量（按 60 ℃计）≥10 m³ 且原水总硬度（以碳酸钙计）> 300 mg/L时，应进行水质软化处理；原水总硬度（以碳酸钙计）为（150～300）mg/L 时，宜进行水质软化处理。

②其他生活日用热水量（按 60 ℃计）≥10 m³ 且原水总硬度（以碳酸钙计）> 300 mg/L时，宜进行水质软化或阻垢缓蚀处理。

③经软化处理后的水质总硬度宜为：

a. 洗衣房用水：50～100 mg/L；

b. 其他用水：75～150 mg/L；

④水质阻垢缓蚀处理应根据水的硬度、适用流速、温度、作用时间或有效长度及工作电压等选择合适的物理处理或化学稳定剂处理方法。

⑤当系统对溶解氧控制要求较高时，宜采取除氧措施。

3）系统设计

（1）保证配水点处冷热水压力平衡

集中热水供应系统应保证配水点处冷热水压力的平衡，其保证措施为：

①高层建筑热水系统的分区，应与给水系统的分区一致，各区水加热器、储水罐的进水均应由同区的给水系统专管供应；当不能满足时，应采取保证系统冷、热水压力平衡的措施。

②同一供水区的冷、热水管道宜相同布置并推荐采用上行下给的布置方式。

（2）设置合理的循环管道

合理设置热水回水管道，保证循环效果，节能节水。

①集中热水供应系统应设热水循环管道，其设置应符合下列要求：

a. 热水供应系统应保证干管和立管中的热水循环；

b. 要求随时取得不低于规定温度的热水的建筑物，应保证支管中的热水循环，或有保证支管中热水温度的措施；

c. 循环系统应设循环泵，并应采取机械循环。

②设有 3 个或 3 个以上卫生间的住宅、别墅，当采用共用水加热设备的局部热水供应系统时，宜设热水回水管及循环泵。

③建筑物内的热水循环管道宜采用同程布置的方式;当采用同程布置困难时,应采取保证干管和立管循环效果的措施。

④居住小区内集中热水供应系统的热水循环管道宜根据建筑物的布置、各单体建筑物内热水循环管道布置的差异等,采取保证循环效果的措施。

(3)小区热源站、水加热设备站的布置

①小区的热源站、水加热设备站宜居中布置。

②一个水加热设备站的服务半径不宜大于1 000 m。

③水加热设备站的布置供应范围应与给水加压泵房一致,宜靠近热水用水负荷大的建筑,宜靠近热水供应范围内最高的建筑。

4)设备选择

①水加热设备应根据使用特点、耗热量、热源、维护管理及卫生防菌等因素选择,并应符合下列要求:

a.热效率高,换热效果好、节能、节省设备用房;

b.生活热水侧阻力损失小,有利于整个系统冷、热水压力的平衡;

c.安全可靠、构造简单、操作维修方便。

②当采用自备热源时:

a.宜采用直接供应热水的燃油(气)热水机组,亦可采用间接供应热水的自带换热器的燃油(气)热水机组或外配容积式、半容积式水加热器的燃油(气)热水机组;

b.燃油(气)热水机组除应满足本规范第5.4.1条的要求外,还应具备燃料燃烧完全、消烟除尘、机组水套通大气、自动控制水温、火焰传感、自动报警等功能;

c.当采用蒸气、高温水为热媒时,应结合用水的均匀性、给水水质硬度、热媒的供应能力、系统对冷热水压力平衡稳定的要求及设备所带温控安全装置的灵敏度、可靠性等经综合技术经济比较后选择间接水加热设备;

d.当热源为太阳能时,其水加热系统应根据冷水水质硬度、气候条件、冷热水压力平衡要求、节能、节水、维护管理等经技术经济比较确定;

e.在电源供应充沛的地方可采用电热水器。

5)管材、阀门及水表

①热水系统选用管材、阀门除应满足工作压力和工作温度的要求外,还应满足管道内表面光滑、阻力小等,以免造成漏水、费水等耗能的后果。

②水加热设备必须配置自动温度控制阀或装置,避免因供水温度的波动造成安全事故和增大能耗。

③混合水龙头宜采用调节功能好、耐久节水的产品。

④集中热水供应系统设置水表的要求同给水系统。

6)保温及管道敷设

①保温绝热材料应符合下列要求:

a. 导热系数低；

b. 容重轻、机械强度大；

c. 不燃或难燃，防火性能好；

d. 当用做金属管道的保温层时，不会对金属外表产生腐蚀。

②水加热设备、热水供回水管道及阀门均应做好保温处理。

③入户支管明装或安装在吊顶内时，宜做保温层；暗装的管道因为难以做保温处理，又因管径小、散热快，其管道长度宜控制在 7 m 以内。

④室外热水管道的敷设：

a. 室外热水管道宜采用管沟敷设，有利于管道安装和保温施工，减少散热损失；

b. 室外热水管道采用直埋敷设时，应做好保温、防水、防潮及保护层。

第4章 节能设计中保温材料的防火要求

有关防火的要求重点参照公安部、住建部关于印发《民用建筑外保温系统及外墙装饰防火暂行规定》的通知(公通字〔2009〕46号)、重庆市城乡建委《关于禁止使用可燃建筑墙体保温材料的通知》(渝建发〔2011〕22号)和《关于加强民用建筑保温隔热工程防火安全管理的通知》(渝建发〔2012〕74号)的规定执行。

4.1 墙体保温防火要求

4.1.1 墙体保温材料要求

- 禁止燃烧性能为B2级及以下的保温材料用于任何民用建筑墙体保温工程;
- 禁止燃烧性能低于A级的保温材料用于高度大于等于24 m幕墙式民用建筑的墙体保温工程;
- 禁止燃烧性能低于A级的保温材料用于高度大于等于100 m非幕墙式居住建筑的墙体保温工程;
- 禁止燃烧性能低于A级的保温材料用于高度大于等于50 m非幕墙式其他民用建筑的墙体保温工程;
- 其他情况民用建筑墙体保温工程必须严格执行《民用建筑外墙保温系统及外墙装饰防火暂行规定》(公通字〔2009〕46号)。

4.1.2 防火隔离带构造

防火隔离带应沿楼板位置设置宽度不小于300 mm的A级保温材料。防火隔离带与墙面应进行全面积粘贴,做法如图4.1所示。

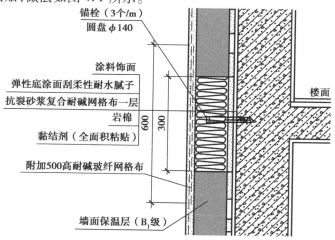

图4.1 防火隔离带建筑构造

针对以上防火要求,提出两点建议:第一,墙体节能方式优先选用由不燃墙体材料构成的墙体自保温体系;第二,当需设置防火隔离带时,防火隔离带需与保温层同步施工。

4.2 屋顶保温防火要求

(1)民用建筑屋面保温隔热工程不得使用燃料性能低于 B1 级的保温隔热材料。建议采用泡沫混凝土作保温材料,其燃烧性为 A 级,完全满足防火要求。

(2)屋顶与外墙交界处、屋顶开口部位四周的保温层,应采用宽度不小于 500 mm 的 A 级保温材料设置水平防火隔离带。当外墙及屋面均采用 A 级不燃材料时,无需设置此防火隔离带;当屋面采用 B1 级挤塑聚苯板类可燃材料作保温层时,建议屋面应设置高度≥500 mm 的女儿墙,作为屋面与外墙交界处防火隔离带。

4.3 地面保温防火要求

地面包含底层地面和层间地面,底层地面即与土壤直接接触的地面,层间地面为通常所说的层间楼板。地面保温层设置于室内侧,其防火性能应满足《建筑室内装修设计防火规范》的有关要求。建议采用防火等级为 A 级的保温材料,如楼面采用无机保温砂浆、全轻混凝土等,地面采用全轻混凝土、泡沫混凝土、加气混凝土等。

4.4 架空楼板保温防火要求

当架空楼板保温层设置于室内侧时,其防火设计要求与楼地面保温防火设计相同,应满足《建筑室内装修设计防火规范》的有关要求。设置于室内侧时应考虑架空楼板与非架空楼板交接处由于做保温引起的高差变化关系。

当架空楼板保温层设置于室外侧时,其防火设计要求与外墙、屋面相同,要考虑架空楼板与外墙交界处防火隔离处理。

4.5 通风空调专业保温材料防火要求

(1)根据《高层建筑防火设计规范》GB 50045—95(2005 版)第 8.5.7 条、《建筑设计防火设计规范》GB 50016—2006 第 10.3.16 条,设备和风管的保温材料、消声材料宜采用不燃材料,当确有困难时,可采用燃烧产物毒性小且烟密度等级小于等于 50 的难燃材料。

(2)按照《实用供热空调设计手册》(第二版)P1330 表 16.2-1,以下空调设计中常用的保温材料为不燃材料:岩棉类、矿渣棉类、超细玻璃棉类。

以下保温材料为可燃材料:泡沫塑料类——包括硬质聚氨酯泡塑制品、软质聚氨酯泡塑制品、发泡橡塑制品。这类材料可燃,防火性能差,燃烧时烟密度较高,使用时应注意。

(3)当选用泡塑类材料做空调冷(热)水管道保温材料时,应在设备材料表中注明:难燃材料,烟密度等级小于 50。

（4）风管保温材料应采用岩棉类等不燃材料,不应采用泡沫塑料类材料。

（5）针对近年来出现的自保温复合风管,《建筑设计防火规范》GB 50016—2006 第10.3.15条规定,其防火性能应达到:燃烧产物毒性较小且烟密度等级小于等于 25 的难燃材料。

第5章　外墙外保温体系对外墙饰面材料的基本要求

5.1　面砖

当在外墙外保温系统外采用面砖饰面时,应严格按照重庆市城乡建委《关于加强新型外墙饰面砖系统应用管理的通知》(渝建发〔2009〕161号)和《重庆市建设领域限制、禁止使用落后技术通告(第六号)》的要求执行,其饰面材料性能应符合下列条件:

1)外墙饰面砖性能要求

外墙饰面砖应符合《陶瓷砖》的有关规定,其粘贴面应带有燕尾槽并不得带有脱模剂,其性能应符合表5.1的要求:

表5.1　饰面砖性能指标

项　目		单　位	指　标
尺寸	6 m 及以上墙面 表面面积	cm^2	≤50
	厚度	cm	≤0.5
单位面积质量		kg/m^2	≤12
吸水率		%	≤0.5(干压砖)

2)胶黏剂

胶黏剂符合《陶瓷墙地砖胶黏剂》的有关规定,不得采用有机物作为主要粘结材料,其性能应符合表5.2的要求:

表5.2　饰面砖粘结砂浆的性能指标

项　目		单　位	指　标
拉伸粘结强度		MPa	≥0.60
压折比		—	≤3.0
压剪粘结强度	原强度	MPa	≥0.6
	耐温7 d	MPa	≥0.5
	耐水7 d	MPa	≥0.5
	耐冻融30次	MPa	≥0.5
线性收缩率		%	≤0.3

注:水泥应采用强度等级42.5的普通硅酸盐水泥,并应符合GB 175—2007的要求;
　　砂应符合JGJ 52—2006的规定。筛除大于2.5 mm颗粒,含泥量少于3%。

3）界面处理剂

结合层用界面处理剂应符合《混凝土界面处理剂》的有关规定。

4）填缝剂

填缝剂应符合《陶瓷墙地砖填缝剂》的有关规定,其性能应符合表5.3的要求:

表5.3 饰面砖勾缝料性能指标

项　目		单　位	指　标
外观		—	均匀一致
颜色		—	与标准样一致
凝结时间		h	大于2 h,小于24 h
拉伸粘结强度	常温常态14 d	MPa	≥0.60
	耐水(常温常态14 d,浸水48 h,放置24 h)	MPa	≥0.50
压折比		—	≤3.0
透水性(24 h)		mL	≤3.0

外墙面砖的使用范围应遵循下列原则:

①不得用于主城区20层及以上或60 m及以上的临街居住建筑外墙,满足渝建发〔2010〕161号文规定的除外;

②不得用于保温板薄抹灰保温系统外墙上;

③高层建筑外墙必须按设计要求设置分隔缝。

5.2 涂料

近年来,由于重庆市城乡建委对外墙面砖的应用采取了一系列限制措施,外墙涂料的应用逐渐增多。由于涂料在耐候性(易污染、易开裂、易老化、易起泡、防潮差)方面存在不足,特对外墙涂料的使用提出如下限制措施:

①技术指标低于优等品,或出现以下情况之一时不得用于主城及城镇建筑工程外墙。

a.耐人工老化性<600 h;

b.耐黏污性(5次,白色或浅色)>15%或五次循环试验后>1级;

c.耐酸性(2%的H_2SO_3)48 h有异常。

②推荐使用符合《建筑反射隔热涂料外墙保温系统技术规程》《外墙涂料涂饰工程施工及验收规程》《交联型氟树脂涂料》规定的高品质涂料。

5.3 保温装饰复合板

保温装饰复合板施工便捷、装饰效果好,可用于较高档次的居住建筑和公共建筑中。但由于其价格较高,且多由有机材料复合而成,防火性能不佳,目前在市场使用上还受到一些限制。

保温装饰复合板除了要满足节能计算要求,还必须满足公安部、住建部关于印发《民用建筑外保温系统及外墙装饰防火暂行规定》的通知(公通字〔2009〕46 号)和重庆市城乡建委《关于禁止使用可燃建筑墙体保温材料的通知》(渝建发〔2011〕22 号)《关于加强民用建筑保温隔热工程防火安全管理的通知》(渝建发〔2012〕74 号)的有关规定。

第6章 建筑节能设计施工图审查要点及设计交底

6.1 建筑节能设计施工图审查要点

6.1.1 建筑专业节能设计施工图审查要点

目前建筑节能设计主要分三个阶段:初步设计阶段、施工图设计阶段和能效测评阶段。建设行政主管部门主要对初步设计阶段和能效测评阶段进行审查,施工阶段由施工图审查机构进行审查,建设行政主管部门只进行备案登记。而项目实施是根据施工图纸执行的,若施工图阶段没有得到严格把关,等验收阶段再发现设计存在问题,就会造成无法弥补的过失。因此,施工图审查应尤为重视。建筑节能施工图审查有如下审查要点:

(1)强制性条文符合性审查

居住建筑除了第4.1.5,4.2.8,5.0.1强制性条文外,第4.1.6,4.2.3,4.2.7,4.2.11,4.2.12也是应执行的条文。居住建筑65%标准还包括第4.3.4,4.3.5两条强制性条文。

(2)保温系统防火安全审查

施工图审查时应严格按照渝建发〔2011〕22号文和渝建发〔2012〕74号文对保温系统防火安全进行审查,检查是否在设计文件中对建筑保温材料的防火性能进行了说明,对需要设置防火隔离带的是否在图纸中予以正确表达。

(3)通风器设计审查

对执行居住建筑65%标准的项目必须满足渝建〔2011〕257号文件的要求。

(4)设计资料深度审查

审查设计资料文件是否完整齐全,是否包含了自审意见书、设计图纸、计算书、模型、设计说明专篇、节能平面布置图、节能做法大样等,检查各资料是否一致。

(5)设计合理性审查

审查设计选用的保温系统形式、保温材料、构造等是否具备可操作性和经济型。如保温层过厚无法实施、保温材料当地不易获取、外窗类型过于高档与设计建筑不匹配、热桥与填充墙部位构造未对应等。

(6)节能设计模型审查

审查计算模型是否与建筑图纸一致,如门窗大小、房间分隔、分户墙设置、靠山墙设置、变形缝设置、屋顶及天窗设置、热桥梁柱设置、房间功能设置等。

(7)节能专篇审查

审查设计依据和计算软件的版本号、名称是否有效;审查主要围护结构构造说明是否与计算书一致,主要构造说明是否完整,相关参数是否正确;审查主要保温材料是否有抽样送鉴要求;审查是否有建筑保温防火设计说明。

（8）节能图纸审查

审查节能平面范围布置图是否准确，主要是外墙、架空楼板、功能转换处楼板等部位；是否有典型墙身大样图并完整反应竖向建筑构造；是否有典型节点详图。

（9）设计变更审查

对通过施工图审查后的项目进行节能变更时，必须重新提交完整资料进行重新审查并出具审查合格书，审查时除了要对上述八个方面进行审查外，还需要求设计单位出具设计变更说明。

6.1.2 采暖、通风和空调专业节能设计施工图审查要点

1）居住建筑节能施工图设计审查要点

本章节依据《重庆市民用建筑节能初步设计施工图设计深度规定》（2006年）、《重庆市民用建筑节能设计施工图审查要点》（2006年）编写。

（1）设计总说明部分

①设计依据：

• 《居住建筑节能50%设计标准》DBJ 50—102—2010（选择的标准应与建筑专业一致）；

• 《居住建筑节能65%设计标准》DBJ 50—071—2010（选择的标准应与建筑专业一致）；

• 《清水离心泵能效限定值及能效等级》GB 19762—2007

• 《家用和类似用途交流换气扇能效限定值及能效等级》GB 19606—2011

②室内设计参数：应按所采用节能设计标准第3.0.1,3.0.2条确定室内计算参数。

③空调设计：采用分体式空调，应按《居住建筑节能50%设计标准》第6.0.9条或《居住建筑节能65%设计标准》第6.5.6条规定，确定并写出房间空调器的能效比要求。采用户式中央空调系统，应按《居住建筑节能50%设计标准》第6.0.6—6.0.12条或《居住建筑节能65%设计标准》第6.5.2—6.5.9条规定，确定并写出空调冷热源的能效比值。

④采暖空调房间空调季节的通风换气措施（执行《居住建筑节能65%设计标准》的工程）：当采用自然通风器时，应说明详见建筑专业施工图；当采用户式机械通风系统时，应说明通风量计算原则及计算结果。应按《家用和类似用途交流换气扇能效限定值及能源效率等级》GB 19606—2011要求，确定风机的能效比值。

⑤管道及保温材料的选择。

（2）空调负荷计算书（应打印出的部分）

①室外气象参数。

②室内设计参数表：内容包括楼层名称、房间名称、房间面积、冬、夏季室内设计温（湿）度、人员密度、照明标准、新风量。

③围护结构参数：包括围护结构名称、传热系数、遮阳系数。

④空调负荷统计数据（综合最大值）表：包括房间名称及编号、新风量及新风负荷、冷（热）面积指标及总冷（热）负荷、最大冷负荷发生时刻。

⑤应在封面标明计算软件名称与版本；计算、校对、审核人员应签署完整。

（3）水泵扬程计算书

应注明冷、热源设备,空调末端机组及自控阀门,水过滤器等局部阻力取值。

（4）图纸部分

应在设备表中标明空调冷热源机组及风机的能效比值,水泵效率。

2）公共建筑施工图设计审查要点

本章节依据《重庆市民用建筑节能初步设计施工图设计深度规定》（2006 年）、《重庆市民用建筑节能设计施工图审查要点》（2006 年）编写。

（1）设计总说明部分

①设计依据:

- 《公共建筑节能设计标准》GB 50189—2005
- 《公共建筑节能设计标准》DBJ 50—052—2006
- 《清水离心泵能效限定值及能效等级》GB 19762—2007
- 《通风机能效限定值及能效等级》GB 19761—2009

②室内设计参数:应按国家标准及地方标准《公共建筑节能设计标准》第 3.0.2,3.0.3 条确定室内计算参数。

③空调设计:按国家标准《公共建筑节能设计标准》第 5.4.5—5.4.9 条规定,确定并写出空调冷热源的能效比值。

按节能标准要求,划分空调系统并确定冷热水系统的形式。

说明全新风运行措施及相应的排风系统。

说明空调冷、热源及空调风、水系统的控制措施。

说明空调系统的热回收措施,计量措施。

说明管道保温材料的选择。

（2）空调负荷计算书（应打印出的部分）

①室外气象参数。

②室内设计参数表:内容包括楼层名称、房间名称、房间面积、冬、夏季室内设计温（湿）度、人员密度、照明标准、新风量。

③围护结构参数:包括围护结构名称、传热系数、遮阳系数。

④空调负荷统计数据（综合最大值）表:包括房间名称及编号、新风量及新风负荷、冷（热）指标及总冷（热）负荷、最大冷负荷发生时刻;宜按空调系统计算负荷、统计结果。

⑤应在封面标明计算软件名称与版本;计算、校对、审核人员应签署完整。

（3）水泵扬程计算书

应注明冷、热源设备,空调末端机组及自控阀门,水过滤器等局部阻力取值。

（4）图纸部分

设备表中标明空调冷热源机组的能效比值。

在设备表中标明通风机总效率、风机单位风量耗功率值。

在设备表中标明水泵的工作点效率、水系统输送能效比。

大型、复杂工程的空调系统（机房部分）自控原理图上表示系统的节能控制方式。

6.1.3 电气专业节能设计施工图审查要点

1)电气照明节能

(1)强制性设计条款

《建筑照明设计标准》GB 50034—2004 第 6.1.2—6.1.7 条 LPD 的现行值复核。

(2)照明光源选择

①一般情况下,室内外照明,不应采用普通白织灯,且单灯功率不应大于 100 W(GB 50034—2004 第 3.2.4 和 3.2.5 条规定外)。

②一般照明场所不宜采用荧光高压汞灯;更不应采用自镇流荧光灯高压汞灯。

③对高度较高的工业厂房,应根据生产照明环境的使用要求,采用金卤灯或高压钠灯以及大功率细管径荧光灯。

④直管荧光灯应选用 T8 细管 36 W;T5 细管 28 W 节能荧光灯。

⑤商店营业厅,宜采用细管径直管荧光灯、紧凑型荧光灯或小功率的金属卤化物灯。

(3)灯控方式

①是否符合电气节能要求。

②住宅公共部位的照明,应采用节能自熄开关控制。对应急照明也可采用节能自熄开关控制,但对应急照明必须具有应急自动点亮的措施。

(4)照明灯具效率

设备材料明细表中,应标明所选用的灯具效率。

2)电气设备节能

(1)电气设备选择

配电变压器,设计是否选择载损耗和短路损耗小的节变压器。

配电变压器的负荷率,不应太高。宜为经济负荷率 $\beta = 70\% \sim 80\%$。

(2)无功功率补偿

是否采取了提高功率因数 $\cos\Phi$ 的措施。低压供电时,集中或就地设置静电电容器对无功功率进行补偿,使 $\cos\Phi$ 达 90% 以上。

(3)配电变压器设置位置

是否靠近负荷中心。

6.1.4 给水排水专业节能设计施工图审查要点

1)节能设计

(1)审查依据

①《建筑给水排水设计规范》GB 50015—2003(2009 年版)。

②主管部门对初设中给排水节能设计的意见。

（2）设计标准

①住宅应充分利用城镇给水管直接供水。

②高层建筑各分区压力值根据 GB 50015—2003 第 3.3.5 条规定:最低卫生器具配水点处的静压不宜大于 0.45 MPa;静水压大于 0.35 MPa 的入户管宜设减压或调压设施。

③冷却循环水系统的选择按 GB 50015—2003 第 3.10.1.4 条规定,应能使循环系统的余压充分利用。

④给水加压泵选用按 GB 50015—2003 第 3.8.1.2 条规定应在水泵高效区内运行。

⑤集中热水供应系统的热源宜优先利用工业余热、废热、地热等。

⑥应按 GB 50015—2003 第 3.10.4.2 条选用冷效高、能源省、噪声低的冷却塔。

⑦应按 GB 50015—2003 第 5.4.1.1 条选用热率高、换热效果好、节能、省地的水加热设备。

2)节水设计

（1）审查依据

①《建筑给水排水设计规范》GB 50015—2003(2009 年版)。

②《节水型生活用水器具》CJ 164—2002。

③主管部门对初设中给排水节能设计的意见。

（2）设计标准

①节水器具应符合 CJ 164—2002 规定:

a. 节水型水咀应满足 CJ 164—2002 第 4.2.1 条规定,即在 0.1 MPa,DN15 mm 下最大流量不大于 0.15 L/s。

b. 感应水咀符合 CJ 164—2002 第 4.2.3 条规定,即应在 2 s 内自动止水。

c. 延时自闭水咀符合 CJ 164—2002 第 4.2.4 条,每次给水量不大于 1 L/s,给水时间 4～6 s。

d. 节能便器符合 CJ 164—2002 第 4.3.2 条规定,每次冲洗用水量不大于 6 L/s。

e. 节水便器冲洗阀符合 CJ 164—2005 第 4.4.1 条即水压 0.3 MPa 时大便器冲洗阀,一次冲水量 6～8 L,小便器冲洗阀一次冲水量 2～4 L。

②水表设置应满足 GB 50015—2003 第 3.4.16 条,3.4.17 条,GB 50368—2005 第 8.1.5 条规定。

③根据 GB 50015—2003 第 3.9.5 条,水景、游泳池水宜循环使用。

6.2 建筑节能设计交底

自 2005 年以来,我市建筑节能工作得到了快速发展,设计及验收阶段建筑节能标准执行率得到了显著提升,截至 2009 年底统计,设计阶段执行建筑节能设计标准比例为 96%,竣工验收阶段执行建筑节能标准比例达 91%。但仍有 5% 的项目设计了但没有施工,即便是在已执行节能标准的 91% 项目里,也有一些项目没能完全按照设计的要求进行施工。

对未能完全按照设计施工的项目,主要有以下三个方面原因:一是现场施工管理不严谨,存在随意变更设计的情况;二是施工技术管理人员素质参差不齐,未能完全理解设计文件意图;三是设计变更频繁,现场施工图纸未能得到及时更新。为了确保设计文件在施工中得以正确执行,有必要组织进行节能设计交底,对施工中可能存在问题的方面予以明确。建筑节能设计交底应注意下列环节:

①读图纪要处理。施工单位在读阅图纸资料后提出疑问并形成读图纪要,交由设计单位处理后召开节能设计交底会议。

②设计文件有效性。核实设计资料的有效性,确定为设计最终版本。

③落实围护结构节能保温范围。明确需进行保温处理的外墙范围、地下墙体范围、屋面范围、架空楼板范围、分户楼板范围(包括功能转换处楼板范围)。当有两种以上外墙、外窗或屋面保温形式时,应明确各自的使用范围。

④明确各部位保温构造做法。对勒脚、阳台门、窗洞口、凸窗侧板及顶底板、屋面、地面、地下室外墙、楼板等部位的保温做法予以明确,对各部位抗裂措施和相关材料厚度予以明确,明确交接部位处理措施,等等。

⑤对所采用的保温材料、部品的热工性能指标及主要物理力学性能指标予以明确,以方便现场采购及送检。

⑥对涉及防火安全和使用安全的主要材料及构造予以明确,如保温材料的燃烧性能要求,饰面材料的结合措施、锚固的有效锚固长度、强度及数量等。

第7章 建筑节能设计常见问题及优化方法

7.1 建筑节能设计常见问题

建筑节能工作全面推行以来,建筑节能设计方法得到了全面的发展和推广应用,但由于从业人员知识掌握程度、技术手段、经验积累程度等原因,使节能设计存在诸多的疑虑及问题,现归纳如下。

(1)节能设计软件选择不正确。

重庆市当前主要采用中国建筑科学研究院上海分院开发的 PKPM 建筑节能设计分析软件重庆地方专版,版本号为 PBECA2008 1.0。该软件为免费使用,可在重庆市城乡建设委员会或重庆市建筑节能中心网站上下载,并向重庆市建筑节能中心申请授权文件即可使用。使用 PKPM 建筑节能设计分析软件地方专版时不要自行更新下载,重庆市建筑节能中心会根据需要定期对软件进行更新并发放更新文件,在重庆市城乡建设委员会或重庆市建筑节能中心网站上下载。

(2)设计模型设置有误,直接影响计算结果的准确性。体现在以下几个方面:

①门窗尺寸、房间功能、分户墙设置、天井设置、坡屋面范围、热桥梁柱设置、天窗设置等与建筑施工图不一致。

②建筑朝向、层高及楼层数与建筑施工图不一致。

③阳台门、小商业外门等玻璃门未按外窗进行节能计算。

④计算城市选择错误。

⑤门窗、建筑保温材料等热工参数取值不满足标准要求。

⑥保温材料修正系数取值不满足标准要求。

⑦住宅底部小商业或社区配套管理用房建模计算时设置为非空调采暖房间。

(3)设计深度不够,缺节能设计相关图纸和说明。建筑节能施工图设计应包括以下资料:

①独立的节能设计说明专篇。说明设计依据、计算软件及版本号、建筑概况、主要围护结构材料构造及参数选择(包括外墙、屋面、热桥、凸窗非透明板、凸窗透明板、分户楼板、分户墙、地下室外墙、架空楼板、地面、外窗等)、节能计算综合指标判断、节能抽样送检要求、保温材料防火要求等。

②节能平面布置图。表达外墙保温范围、架空楼板范围、功能转换处楼板范围等。

③墙身节能节点大样图。包括屋面、地面、楼面、地下室外墙、凸窗等部位节能节点大样图。

④计算书、模型、全套建筑施工图。

⑤建筑节能设计自审意见书。

(4)设计选材或系统选择不合理,主要有以下几方面:

①保温砂浆类外保温系统保温层厚度设计为 40 mm 以上,施工难度大,容易造成开裂、

脱落等安全隐患。

②填充墙与热桥部位保温做法不一致,且构造上未能对应,导致施工后墙体表面高度不一致。

③外窗材料选择与建筑不匹配,如一般居住项目外窗设计为"多腔隔热金属窗框+6中透光 LOW-E +12 氩气+6 透明",外窗造价与建筑售价严重不匹配;公共建筑玻璃幕墙设置为塑料型材,无法实施等。

(5)保温系统防火设计不满足要求,主要有两个方面:

①设计未能满足公通字〔2009〕46 号文和渝建发〔2011〕22 号文的有关要求,如超过100 m的居住建筑设计采用胶粉聚苯颗粒保温浆料系统。

②设计保温材料燃烧等级定性错误,如设计文件中将普通挤塑聚苯乙烯泡沫塑料燃烧等级定性为 B1 级。

(6)设计资料不一致,主要表现为计算书、说明、图纸中材料名称、厚度、参数等互不一致。

(7)住宅底部配套小商业、社区管理用房等未进行节能计算,也未进行相应的节能说明。

7.2 建筑节能设计优化方法

(1)保温体系的选择应符合当地的建筑技术水平和实际情况

例如主城以外较不发达地区的墙体保温不宜选用施工技术要求高的保温板薄抹灰系统和复合板系统,而应使用技术要求较低的自保温系统和保温砂浆系统;门窗材料宜采用塑钢门窗普通中空玻璃,不宜采用其他不易获得的玻璃。

(2)保温材料及部品的选择应结合经济承受能力和当地产品配套情况

如在不生产节能型烧结页岩空心砖的地区选用这类墙体材料,必然无法就近获得,导致造价和运输时间增加;在房价较低地区的普通建筑中采用隔热金属型材+LOW-E 中空玻璃窗,必然在后期实施中难以实现。

(3)节能技术的选择应符合当地的气候及环境特点

①不宜取水的地区原则上不推荐采用水源热泵空调技术。

②日照充分的地区应大力推行太阳能热水技术,以节约电能和燃气能源,从而达到整体节能的效果。

(4)节能设计应符合日常的生活习惯

例如有的项目设计时为了方便计算通过,在普通居住建筑中门窗采用低透光玻璃。而在实际生活中,如大量采用此类材料,冬季时由于重庆地区日照较少,阴雨天气较多,室内采光无法得到基本保证,必然会大大增加照明耗能,反而增加了建筑整体能耗,对建筑节能工作起到相反的作用。

又如有的项目门窗位置设计不合理或可开启面积过小,严重影响自然通风换气及温度调节,在过渡季节只能采取机械通风的方式实现室内的环境舒适度,大大的增加了建筑能耗。

（5）应从设计的源头——方案设计阶段就进行节能设计的优化控制

建筑方案设计一旦确定,影响建筑能耗最重要的几大因素:朝向、窗墙面积比、体形系数就已基本确定。因此,节能的优化工作应从方案阶段着手。至于后期的初步设计和施工图设计则对建筑节能只起到技术细则的控制作用,而不能从根本上实现建筑节能的优化。

第8章 既有建筑节能改造

　　既有建筑节能改造作为建筑节能的一项重要工作,具有十分显著的节能效果和意义。目前,既有不节能的建筑约占全社会建筑总量的90%,尤其是大量既有公共建筑,它们的能耗更是几倍甚至几十倍于普通居住建筑的能耗。因此,研究既有建筑节能改造技术并推动实施,具有重要的社会意义。

　　既有建筑的情况十分复杂,在结构安全性、材料的使用、设备管线、建筑物功能、原有资料等方面具有不确定性。因此,既有建筑节能改造应该具有建筑整体观、全局观,应该在首先确保建筑物安全性,不改变或尽量少改变原有建筑使用功能的前提下进行节能改造。使改造后建筑的各项功能均优于或不低于改造前。

8.1 既有建筑节能改造的评价

8.1.1 节能改造的方向判定

　　既有建筑一般分为公共建筑和居住建筑。由于建造时未按建筑节能的有关要求和标准建造,其能耗均不符合现行节能标准要求。既有不节能公共建筑普遍能耗高,居住建筑的热舒适度不达标。因此,既有不节能建筑节能改造的潜力巨大。

　　既有公共建筑节能改造的方向首先为设备部分,重点是空调系统的节能改造,其次是电气和给排水系统及智能化控制系统,最后才是围护结构的改造。

　　既有居住建筑的节能改造方向首先应为围护结构,其次是设备系统改造。

　　通过节能改造,公共建筑可明显降低能耗,达到或接近现行节能标准要求;居住建筑可显著提高居住环境的热舒适性,能耗也会有一定下降,从而达到或接近现行节能标准的要求。

8.1.2 节能改造的前期工作

　　前期工作主要包括资料收集和安全性评估两个方面。

　　(1)资料收集

　　节能改造前,应结合现场查勘,收集完善以下资料:

　　①建筑总图及竣工图纸、暖通竣工图。

　　②在建筑物使用过程中已发生的改造或维修图纸。

　　③对原有空调通风系统的运行状况进行调查,实测设备、系统运行的能效比,分析实际能耗现状。

　　④对比围护结构实际材料和图纸的符合性。

　　⑤建筑物内各部位热环境的现状。

　　⑥周边可利用的环境资源状况。

（2）安全性评估

节能改造前,还应对建筑物的安全状况作出符合实际状况的安全评价,以确保拟改造建筑的结构安全和使用功能能满足改造的要求。该工作建议委托有评价资质的单位承担。当改造中涉及需对原有结构进行改动和增加荷载的情况,建议委托原设计单位或有相应资质的设计单位对拟改项目的安全性做结构复核,不满足要求的应做加固处理。

8.1.3　节能改造的热工评价

既有建筑节能改造的热工评价分为改造前评价和改造后评价。

（1）改造前评估

改造前评估的目的和方法是利用现行的节能标准和技术手段,针对拟改造项目的现状及耗能系统,对围护结构各部位的热工性能进行评价,对设备系统尤其是空调系统和照明等系统的耗能指标进行评价,找出影响建筑能耗的关键部位及系统环节,以确定节能改造的具体内容和措施。

（2）改造后评估

改造后评估指针对所采用的节能技术措施及方法,利用现行的节能技术标准和技术手段,对改造后的建筑物热工性能和能耗进行判断,确定改造后建筑的综合热工性能是否达标的方法。

表 8.1　既有建筑节能评价指标（按规定性指标）

序　号	评价内容			标准规定指标	既有建筑指标	备　注
1	屋顶	传热系数 $K[\text{W}/(\text{m}^2 \cdot \text{K})]$				
		热惰性指标 D				
2	外墙	传热系数 $K[(\text{W}/\text{m}^2 \cdot \text{K})]$	东			
			西			
			南			
			北			
		热惰性指标 D	东			
			西			
			南			
			北			
3	分户墙	传热系数 $K[(\text{W}/\text{m}^2 \cdot \text{K})]$				
4	分户楼板	传热系数 $K[(\text{W}/\text{m}^2 \cdot \text{K})]$				
	底部架空楼板	传热系数 $K[(\text{W}/\text{m}^2 \cdot \text{K})]$				
5	地面	热阻 $R(\text{m}^2 \cdot \text{K}/\text{W})$				
6	户门	传热系数 $K[(\text{W}/\text{m}^2 \cdot \text{K})]$				

续表

序 号	评价内容			标准规定指标	既有建筑指标	备 注
7	体形系数					
8	窗墙面积比	各朝向窗墙面积比	北向			
			东向			
			西向			
			南向			
		平均窗墙面积比				
9	天窗	天窗面积/屋顶面积				
		传热系数 $K[\mathrm{W}/(\mathrm{m}^2 \cdot \mathrm{K})]$				
		遮阳系数 SC				
10	外窗（含阳台门透明部分）	传热系数 $K[\mathrm{W}/(\mathrm{m}^2 \cdot \mathrm{K})]$	$C_M \leqslant 0.25$			
			$0.25 < C \leqslant 0.30$			
			$0.30 < C_M \leqslant 0.35$			
			$0.35 < C_M \leqslant 0.40$			
			$0.40 < C_M \leqslant 0.50$			
		可开启面积				
		气密性	1~6层			
			≥7层			

注: C_M 为平均窗墙面积比。

表8.2　既有建筑节能评价内容（按耗电量指标）

序 号	审查内容		参照建筑指标	既有建筑指标	备 注
1	屋顶	传热系数 $K[\mathrm{W}/(\mathrm{m}^2 \cdot \mathrm{K})]$			
		外表面太阳辐射吸收系数 ρ			
2	外墙	传热系数 $K[\mathrm{W}/(\mathrm{m}^2 \cdot \mathrm{K})]$			
		外表面太阳辐射吸收系数 ρ			
3	体形系数				
4	天窗	天窗面积/屋顶面积			
		传热系数 $K[\mathrm{W}/(\mathrm{m}^2 \cdot \mathrm{K})]$			
		遮阳系数 SC			

续表

序　号	审查内容		参照建筑指标	既有建筑指标	备　注
5	外窗(含阳台门透明部分)	$C_M \leq 0.25$			
		$0.25 < C \leq 0.30$			
		$0.30 < C_M \leq 0.35$			
		$0.35 < C_M \leq 0.40$			
		$0.40 < C_M \leq 0.45$			
		传热系数 $K[\text{W}/(\text{m}^2 \cdot \text{K})]$			
		可开启面积	不小于外窗所在房间地面面积的10%		
		气密性 1~6层			
		≥7层			
6	计算条件	空调室内计算温度	26 ℃		
		采暖室内计算温度	18 ℃		
		室内换气次数	1.0 次/h		
		空调额定能效比	2.8/2.6		
		室内得热量 W	0	0	
7	建筑节能设计综合评价	(1)空调年耗电指数			
		或(2)空调年耗电量(kW·h/m²)			
		或(3)最热月平均耗冷量指标(W/m²)			

注:C_M 为平均窗墙面积比。

表8.3　既有建筑围护结构热工性能检测内容和标准

检测内容	检测标准
墙体、屋顶传热系数	《采暖居住建筑节能检验标准》JGJ 132
窗传热系数	《建筑外窗保温性能分级及检测方法》GB/T 8484
门窗的气密性	《建筑外门窗气密、水密、抗风压性能分级及检测方法》GB/T 7106
	《建筑幕墙》GB/T 21086
窗户玻璃透过率	《建筑外窗采光性能分级及检测方法》GB/T 1976
绝热材料导热系数	《绝热材料稳态热阻及有关特性的测定》GB 10294 和 GB 10295

8.2　既有建筑节能改造的设计要点

围护结构和设备系统的节能改造设计要点可参照新建建筑的有关内容执行,但仍需注意以下几方面:

①应确保原有建筑的结构安全和使用安全。

②应确保改造后建筑的正常使用。

③按现行节能设计标准,改造后的建筑热工性能应明显优于改造前,室内热环境和热舒适度得到明显改善。

④围护结构的节能改造应结合城市规划和有关要求,在节能改造的同时对原有建筑的外立面及屋顶一并改造。

8.3　既有建筑节能改造技术

8.3.1　围护结构改造技术

围护结构节能改造主要包括墙体、门窗、屋面及其他部位,如架空楼板、功能转换处楼板、地面、幕墙等。按其改造的节能效果,最明显的应为门窗、屋面、墙面三者的改造,尤其是门窗的改造效果最佳。

1)门窗的改造技术及要求

①窗户的节能改造应满足安全、保温、隔声、通风、采光、防水等综合功能要求。

②单玻璃门窗应首先选用中空玻璃节能门窗代替。若旧窗无法拆除,也可在旧窗外再加设一层节能窗,新旧窗之间的间距宜为 100 mm。

③东西向及南向外窗尽可能采用加设活动外遮阳系统的改造措施。

④对原有节能不达标的中空玻璃窗,可采取贴遮阳膜的措施,但应保证可见光透射比满足要求,以保证室内的采光性能。

⑤更换新窗时,应注意窗框与窗洞之间应有可靠的保温密封措施,以减少该部位使用中出现开裂、透气、漏水等情况。

2)屋面改造技术及要求

①屋面改造应根据屋面的形式采用相应的改造措施。对原有防水性能可靠的屋面可直接做倒置式保温处理;对原屋面有渗漏情况的,可拆除原屋面防水层,重做保温层和防水层。

②对有条件的屋面,应首选种植屋面的改造方法。

③对平改坡屋面,应在原平屋面顶上完成满足相关要求的保温层施工后再做坡屋面,并应采取技术措施防止"闷顶"现象。

④坡屋面改造应重视屋面内保温层的铺设,有条件的应增设吊顶,将保温层铺设于吊顶上,并应采取通风措施防止"闷顶"。

⑤屋面节能改造时,宜同时考虑太阳能热水系统的加设,以充分发挥屋顶的节能作用。

3）墙体改造技术和要求

①改造应与建筑立面改造和改扩建相结合,优先采用外墙外保温技术。

②墙体保温材料的选用应满足消防安全和使用安全的要求,确保不因节能改造而导致新的安全隐患。

③墙体保温材料的选用还应结合外装饰要求统一考虑,有条件的宜选用保温装饰一体化的材料或其他施工相对简单便捷的保温材料,同时做好保温层的密封和防水处理。

④墙体节能改造应采取尽可能保留原有墙体的技术措施。在原有墙体热工性能相对较好时可采用热反射涂料技术或浅色墙面技术处理。对具备条件的项目还可采用墙体绿化技术、墙体遮阳技术、外砌保温隔墙等技术措施。

4）其他部位改造技术及要求

（1）幕墙改造技术

①首先应更换不节能的普通玻璃为热工性能较好的节能玻璃,如 Low-E 玻璃。

②有条件的应优先加设活动外遮阳系统,或加设遮光性能较好的内遮阳设施。

③根据室内功能要求,条件允许的可采用加设保温性能好的不透光墙体,通过减少实际外窗透光面积的方法达到节能效果。

④在不改变原有幕墙的情况下,可采取加设一层保温性能较好的内窗方式。

⑤幕墙改造应满足自然通风、采光的要求。

（2）架空楼板和功能转换处楼板的改造技术及要求

①应采用燃烧性能符合消防要求的保温材料。若保温材料设于板面,则强度应满足使用要求且不低于 3.5 MPa。建议尽可能选用无机材料。

②设于架空楼板板下的保温层,在确保架空楼板与墙体交界处有防火隔离措施的情况下,可选用方便施工的板材类保温材料,如使用有机保温板材薄抹灰系统。

（3）凸窗顶底板及侧板改造技术和要求

①优先选用保温板薄抹灰系统,以方便施工。

②应结合防水、防流作好相关节点处理。

（4）地面及地下室外墙改造技术和要求

①改造后的地面热工性能指标应满足最小热阻的规定,以确保不产生"结露"现象。

②地面改造推荐采用 200～300 mm 现浇泡沫混凝土或加气混凝土砌块铺设。当采用加气混凝土砌块铺设时应做好防水处理。

③地下室外墙改造保温层应设于地下室内侧,可采用加砌具有保温功能的隔墙或加设保温板的方式。

8.3.2 采暖、通风和空调系统改造技术

1）既有建筑采暖、通风和空调系统常见问题

（1）空调设备运行维护差

分体式空调室内机的过滤网、空调末端机组的粗、中效过滤器以及空调冷（热）水、冷却

水系统过滤器得不到及时清洗。这不但造成空调送风不卫生,还增加了风机、水泵的能耗。(根据国家标准《空气过滤器》GB/T 14295—1993 规定,粗、中效过滤器清洁时的初阻力分别为 50 Pa,80 Pa,灰尘布满必须更换时的终阻力分别为 100 Pa、160 Pa。)

(2)原设计缺陷

有的办公建筑虽设计了新风系统,但没有设计相应的排风系统,室内正压使新风不能送入房间,房间内人员感到闷气,就会打开窗户通风换气,造成大量空调冷(热)量的无谓损耗。

有的商业建筑虽然设计了新风管、回风管,但新风管尺寸较小,不能满足过渡季节全新风运行的需要,且回风管上漏设调节阀,季节转换时不能调节回风量。

(3)设计意图和物业管理脱节

有的大型展厅,过渡季节全新风运行设施完备,但物业管理人员不了解设计意图,没有按设计要求进行操作,过渡季节仍启动空调系统来降低室内温度。

(4)空调水系统手动控制,部分负荷运行时调节困难

既有建筑的空调水系统基本上是一次泵定流量系统,靠人工判断来增加或减少空调主机及配套水泵的运行台数。空调水系统基本属于粗放型管理,大部分时间都处于小温差、大流量的高能耗运行状态。

空调系统通常设有两台及以上空调主机(冷水机组或风冷热泵机组),采用共用集管与水泵连接。既有建筑空调主机的冷(热)水入口或出水管道上一般都没有设置电动隔断阀。当只需一台机组运行时,未运行机组冷(热)水、冷却水管路仍然在进行水循环,造成制冷(热)效率低下并增加了水系统的能耗,同时增加了人工控制判断及操作的难度。

(5)设备陈旧

由于建筑年代久远,采用的分体式空调器或窗式空调器能效很低。

2)节能改造的主要技术措施

①加强空调设备运行维护,对分体式空调室内机过滤网、空调末端机组粗、中效过滤器及空调冷水、冷却水系统过滤器等的清洗应制定制度,专人负责。

②完善与新风系统配套的排风设施,在不能排风的办公室设置墙式或窗式自然通风器,避免开窗通风。

增加空调末端机组上新、回风调节阀,实现过渡季节全新风运行。

③对物业管理人员进行培训,充分了解设计意图,提高对空调系统的管理能力。

④在保留原有空调水系统管路的前提下,增加空调水系统自控系统,在以下几个方面提高空调水系统的运行能效比:

a. 采用冷量优化控制空调主机的运行台数的方式,使主机在最佳能效比区间工作;合理使用空调主机,使机组交替工作,均衡磨损,增加机组寿命。

b. 在技术可行、经济合理的情况下,将空调冷(热)水泵定流量运行改造为变流量运行,使供水量与空调负荷平衡,提高空调水系统的输送能效比。

c. 提高空调主机过渡季节冷水供水温度,据有关资料显示,每提高冷水供水温度 1 ℃,可节电 1.4% ~ 4%。

d. 对分体式空调实施温度控制改造,实现公共建筑夏季室温不低于 26 ℃的目标。

第 9 章　推荐节能技术

9.1　绿化技术

结合整体环境,合理设计屋面绿化、墙身垂直绿化及建筑周围环境绿化,既能降低空调能耗,又能美化环境,改善区域微气候,提高居住舒适度。平屋顶采用种植屋面(覆土面积不小于 70%,构造应符合重庆市《种植屋面技术规程》DBJ/T 50—067 的规定),种植屋面当量热阻可取 0.50(m² · K)/W 计入屋面传热系数计算。

环境绿化和墙身绿化目前虽未计入节能计算中,但其在夏季对墙体遮阳的作用不能小视,尤其对低层建筑的墙体节能起到十分明显的效果,值得大力推广。

9.2　隔热反射涂料

重庆地区空调采暖能耗以夏季空调能耗为主,因此夏季隔热对围护结构节能影响显著。隔热反射涂料能有效将太阳光辐射进行一定程度的反射,起到隔热降温,减少全年空调能耗的作用。当外墙使用性能指标符合《建筑反射隔热涂料外墙保温系统技术规程》DBJ/T 50—076 第 3.0.4 条规定的建筑反射隔热涂料作外饰面层时,外墙平均传热系数应按下式修正:$K_m = \beta_1 \cdot K'_m$,其中 K_m 为采用建筑反射隔热涂料的外墙平均传热系数,K'_m 为未采用建筑反射隔热涂料的外墙平均传热系数。修正系数 β_1 按表 9.1 取值。

在多层建筑建议在屋面尽可能使用该类材料,可起到降低室内温度的效果。

表 9.1　修正系数 β_1 取值

K'_m	$K'_m > 1.30$	$1.0 < K'_m \leqslant 1.30$	$K'_m \leqslant 1.0$
β_1	0.85	0.90	0.95

9.3　遮阳技术

在外窗热量传递中,辐射传热占外窗热量传递的 40% ~70%。同时,重庆地区夏热冬冷的气候特点决定夏季需要对太阳辐射进行有效的阻断,而冬季又需要尽可能的吸收太阳能热量。解决问题的有效措施是设置活动外遮阳。

东偏北30°至东偏南60°、西偏北30°至西偏南60°范围的外窗(包括幕墙)应尽可能设置可以遮住窗户正面的活动外遮阳,南向的外窗(包括幕墙)宜设置水平遮阳或可以遮住窗户正面的活动外遮阳。设置了展开或关闭时能完全遮住窗户正面的活动外遮阳,则视为完全满足表 9.2 中的遮阳要求;其中卷帘、百叶窗、中空百叶玻璃等对外窗传热系数改善取下表修正系数。

表9.2 正面活动外遮阳对外窗传热系数的修正系数

外遮阳	卷帘	中空百叶玻璃	百叶窗
修正系数	0.85	0.90	0.95

9.4 太阳能光热应用技术

重庆地区从太阳能资源分布来看属第5类地区,即太阳能资源不丰富的地区,尤其是冬季太阳能资源较为匮乏。全市大部分地区年日照时数百分率为26%~33%,东北部的奉节、巫山、巫溪等地偏高,可达35%;彭水的日照百分率最低,仅有22%。因此大规模的太阳能光电技术不予推荐。但通过近两年的实践证明,重庆地区冬季采用太阳能热水技术仍然是可行的,具有十分明显的节能效果。因此,建议在建筑设计中尽可能采用家用型太阳能热水器技术,并与建筑外立面设计有机结合,形成一体化的建筑太阳能热水器系统。

9.5 地源热泵及水源热泵技术

地源热泵和水源热泵技术是利用地表水(或地下水)、地下土壤作为冷热源,进行能量转换的空调系统。地球表面水源和土壤是一个巨大的太阳能集热器,收集了47%的太阳能量,比人类每年利用能量的500倍还多。地源热泵和水源热泵技术利用储存于地表浅层近乎无限的可再生能源,为人们提供制冷或供热,是减少一次能源消耗的有效途径之一。

本地区具有三峡库区的有利条件,可在滨江大力推广和提倡使用水源热泵技术;地质条件好的场地可考虑地源热泵(地埋管)空调系统的使用。重庆市每年设置专项资金用于开发、引导、鼓励可再生能源技术的应用,根据采用的规模予以不同比例的配套费或税收减免。

第 10 章 节能设计深度要求及案例

10.1 建筑专业节能设计深度要求及案例

10.1.1 方案阶段节能设计深度

根据《重庆市建筑节能条例》第十二条规定,建筑工程项目进行方案设计或规划,行政主管部门对方案进行审查时,应当在建筑布局、体形系数、朝向、采光、通风、绿化等方面综合考虑能源利用和建筑节能的要求。

方案设计说明中应有节能说明专篇:①说明建筑总体布局,节能的设计思路(节水、节地、节材、节能的考虑);②说明自然采光、通风的布置利用情况;③绿地、水体等布置情况;④建筑单体体形系数、开窗面积控制情况;⑤拟采取的主要技术措施,以及拟采用的主要节能材料和设备。

10.1.2 初步设计阶段节能设计深度

建筑初步设计阶段节能篇章应满足《民用建筑工程初步设计文件编制深度规定》和《重庆市建筑工程初步设计文件编制技术规定》的深度要求,包含如下内容:

①设计说明中应有建筑节能专篇。说明设计依据(包括标准规范的名称、编号、年号)、建筑总体节能设计概况、单体建筑采用的节能措施(屋顶、外墙、门窗、分户墙、分户楼板、架空楼板、功能转换处楼板、地面等主要材料构造及参数),主要保温材料的燃烧性能等级,通风器设计说明(根据需要说明)。

②设计图纸。除了需满足《重庆市建筑工程初步设计文件编制技术规定》中要求建筑总平面图、单体建筑平立剖图、详图外,还需提供建筑节能平面布置图、主要节点节能做法大样图。

③节能设计模型及计算报告书。

④节能自审意见书。

参考实例:

1)节能设计说明

(1)设计依据

①《民用建筑热工设计规范》GB 50176—93。

②《夏热冬冷地区居住建筑节能设计标准》JGJ 134—2010。

③《公共建筑节能设计标准》GB 50189—2005、《公共建筑节能设计标准》DBJ 50—052—2006、《居住建筑节能50%设计标准》DBJ 50—102—2010、《居住建筑节能65%设计标准》DBJ 50—071—2010(根据需要选用)。

④《无机保温砂浆建筑保温系统应用技术规程》DBJ 50—103—2010、《外墙外保温工程技术规程》JGJ 144—2004、《岩棉板外墙外保温系统应用技术规程》(在编)、《复合酚醛板外墙外保温系统应用技术规程》(在编)、《全轻混凝土楼地面保温系统应用技术规程》(在编)(根据需要选用)。

⑤《建筑外门窗气密、水密、抗风压性能分级及检测方法》GB/T 7106—2008。

⑥《蒸压加气混凝土砌块自保温墙体建筑构造图集》DJBT—039—08J07/3、《JN 节能型烧结页岩空心砌块自保温墙体建筑构造图集》DJBT—040—08J08、《纤维增强轻质混凝土屋面保温构造》DJBT—036—08J04、《外墙外保温建筑构造》10J121、《岩棉板外墙薄抹灰保温系统建筑构造》(在编)、《酚醛板外墙薄抹灰保温系统建筑构造》(在编)、《建筑通风器》(自然通风器)DJBT—054—10J07、《建筑通风器》(户式机械通风系统)DJBT—055—10J08(根据需要选用)。

⑦《关于印发〈民用建筑外保温系统及外墙装饰防火暂行规定〉的通知》(公通字〔2009〕46 号)。

⑧重庆市建设领域限制、禁止使用落后技术通告》(一～六号)。

⑨《关于禁止使用可燃建筑墙体保温材料的通知》(渝建发〔2011〕22 号)。

⑩《关于进一步明确民用建筑外保温材料消防监督管理有关要求的通知》(公消〔2011〕65 号)。

(2)建筑节能概况

本项目共有 6 栋 33 层高层住宅、12 栋 6 层多层住宅和 1 栋 5 层商业楼,高层住宅采用 250 mm 加气混凝土墙体自保温系统,多层住宅采用 300 mm 加气混凝土墙体自保温系统,商业楼采用岩棉板外墙外保温系统;屋面均采用现浇泡沫混凝土保温形式;外窗均采用复合彩钢中空玻璃窗。高层住宅体形系数为 0.39～0.42,多层住宅体形系数为 0.48～0.52,多层体形系数较为不利。开间窗墙面积比均控制在 0.55 以内,朝向窗墙面积比均不超过 0.4,经计算,凸窗传热系数限制在 2.88 以内,因此所有住宅外窗均选用普通中空玻璃。

(3)建筑围护结构节能设计

本项目主要围护结构材料构造及参数设计如下:

①外墙

楼 栋	部 位	主要构造材料名称 (由外至内)	厚度(mm)	导热系数 [W/(m·K)]	修正系数	燃烧等级
高层	填充墙体	水泥砂浆	20	0.93	1	—
		加气混凝土	200	0.18	1.25	A
		水泥砂浆	20	0.93	1	—
	热桥	水泥砂浆	20	0.93	1	—
		加气混凝土	30	0.14	1.25	A
		钢筋混凝土	200	1.74	1.25	—
		水泥砂浆	20	0.93	1	—

②屋面

主要构造材料名称 （由上至下）	厚度（mm）	导热系数［W/(m·K)］	修正系数	燃烧等级
细石混凝土（内配筋）	40	1.74	1	—
水泥砂浆	20	0.93	1	—
泡沫混凝土	150	0.12	1.5	A
水泥砂浆	20	0.93	1	—
钢筋混凝土	120	1.74	1.25	—

③外窗

楼　栋	外窗类型		传热系数 ［W/(m²·K)］	遮阳系数	气密性等级
高层/多层	平窗	彩钢复合型材 KF = 2.2 框面积 23% （6 透明 + 12A + 6 透明）	2.8	0.86	6
	凸窗	彩钢复合型材 KF = 2.2 框面积 23% （6 透明 + 12A + 6 透明）	2.8	0.86	6
商业	平窗	彩钢复合型材 KF = 2.2 框面积 23% （6 绿色吸热 + 12A + 6 透明）	2.8	0.54	6
	幕墙	彩钢复合型材 KF = 2.2 框面积 23% （6 绿色吸热 + 12A + 6 透明）	2.8	0.54	3

④分户楼板

主要构造材料名称 （由上至下）	厚度（mm）	导热系数［W/(m·K)］	修正系数	燃烧等级
全轻混凝土	50	0.28	1.2	A
钢筋混凝土	100	1.74	1.25	—

低层住宅与商业、管理用房、车库之间的功能转换处楼板同此做法。

⑤架空楼板

主要构造材料名称 （由上至下）	厚度（mm）	导热系数［W/(m·K)］	修正系数	燃烧等级
全轻混凝土	50	0.28	1.2	A
钢筋混凝土	100	1.74	1.25	—
无机保温砂浆	30	0.07	1.3	A
抗裂砂浆	5	0.93	1.0	—

⑥凸窗顶底板、侧板

主要构造材料名称 （由外至内）	厚度(mm)	导热系数[W/(m·K)]	修正系数	燃烧等级
抗裂砂浆	5	0.93	1.0	—
岩棉板	35	0.045	1.3	A
钢筋混凝土	100	1.74	1.25	—
水泥砂浆	10	0.93	1.0	—

⑦地面

主要构造材料名称 （由上至下）	厚度(mm)	导热系数[W/(m·K)]	修正系数	燃烧等级
细石混凝土	40	1.51	1.0	—
泡沫混凝土	200	0.012	1.2	A
细石混凝土	80	1.51	1.0	—

（4）建筑保温防火设计要求

本项目外墙采用墙体自保温体系,墙体材料燃烧等级为 A 级;屋面、地面保温材料为泡沫混凝土,燃烧等级为 A 级;分户楼板保温材料为全轻混凝土,燃烧等级为 A 级;凸窗顶底板、侧板保温材料为岩棉板,燃烧等级为 A 级;架空楼板板底保温材料为无机保温砂浆,燃烧等级为 A 级。满足公消〔2011〕65 号和渝建发〔2011〕22 号文的要求。

（5）通风器设计说明

本项目多层住宅均设计了户式机械通风系统,排风风机箱选择参见《建筑通风器》(户式机械通风系统)DJBT—055—10J08 第 5 页,采用窗式进风口,带卫生间的卧室排风口设置于卫生间内。具体详见施工图设计。

2）节能平面范围布置图和主要节点节能做法大样图

①节能平面范围布置图;
②填充墙、热桥、屋面、地面、架空楼板、凸窗节能节点大样图。

3）节能设计模型及计算书

具体内容省略。当有以下情况时需在计算书中说明:
①底部有小商业网点且模型未进行计算时,应在计算书中说明小商业网点的外墙、屋面及外窗的材料选择和参数要求,应说明住宅底层与小商业网点之间功能转换处楼板的保温做法;
②底部有小商业网点且在模型中进行了计算,或底部为商业、管理用房、封闭汽车库等情况时,应说明功能转换处楼板的保温做法;

③当设计采用了两种及以上外窗类型时,应说明每种类型使用的范围;

④因目前版本软件无法正确识别开间,当存在软件计算时将开间窗墙面积计算错误时,应进行补充说明;

⑤公共建筑在出规定性指标报告书时,目前版本设计软件可能会在实际没有凸窗的情况下自动生成凸窗类型,应将其删除。

4)节能设计自审意见书

重庆市建筑工程

节能设计自审小组审核意见书

××××××××××××自审 年 号

工程名称		阶段
建筑专业	意见: 签名　　　　时间	
给排水 专业	意见: 签名　　　　时间	
电气专业	意见: 签名　　　　时间	
暖通专业	意见: 签名　　　　时间	
自审小组 负责人	意见: 签名　　　　时间	

10.1.3 施工图设计阶段节能设计深度

建筑施工图节能设计资料包括设计图说、建筑节能计算书及建筑节能设计模型、建筑节能自审意见书、建筑节能设计基本情况表,有集中空调的应有冷热负荷计算书。

1)设计图说

(1)建筑节能设计专篇

建筑节能设计专篇主要包括以下几方面:

①设计依据:初设批文、设计规范、标准图集。

②计算软件名称及版本号。

③建筑概况:性质(居住建筑/公共建筑)、气候分区、建筑形式、体形系数及其他情况。

④围护结构节能构造、做法及主要节能材料选用热工参数(外墙、屋面、外窗(阳台门)、分户楼板(功能转换处楼板)、架空楼板、分户墙、入户门、地面、地下室外墙等)。

⑤围护结构热工性能计算结果及节能综合指标计算结果。

⑥节能材料热工参数抽样送检要求,并注明主要保温材料的设计燃烧性能等级。

⑦通风器选型说明(根据需要说明)。

图10.1为住宅节能65%建筑节能设计说明专篇的参考格式。

(2)设计图纸

设计图纸主要在以下两方面反应节能设计的范围、做法。

①平面图。主要反映入户门、阳台门、外窗、幕墙等的位置、尺寸,同时在平面图中表示出需要进行保温处理的外墙、架空楼板等部位,方便施工人员准确地按照节能设计要求进行施工。

②墙身节点大样图。主要反映女儿墙(檐口)、凸窗、室外空调机位、门窗、勒脚等部位保温构造。在墙身大样图中需引出节点处保温做法详图号,同时绘制出节点做法详图,对于常规做法可引用标准图集。

2)建筑节能计算报告书及设计模型

(1)建筑节能计算报告书

①有无设计、校审人员签字。

②保温材料热工参数和修正系数与标准、相关文件是否一致。

③外窗的材料、气密性等级是否明确,外窗的传热系数和遮阳系数与标准、相关文件是否一致。

④是否使用国家及重庆限制使用的产品。

⑤保温层设置是否合理,是否造成施工难度增加或造价过高等。

⑥是否违反标准强条。

⑦当需要在计算书中作说明的情况同10.1.2节中介绍。

（2）建筑节能设计模型

①朝向、地址、执行标准等基本参数设置是否正确。

②围护结构设置（包括建筑形态、剪力墙的设置、内部分隔、架空楼板、冷热桥的设置等）与设计图是否一致。

③房间类型设置与设计图是否一致。

④外窗大小与设计图是否一致（阳台透明部分是否按窗处理，凸窗是否设置正确等）。

⑤标准层个数、总层数、层高与设计图是否一致。

⑥遮阳的设置与设计图是否一致。

⑦居住建筑分户墙设置与设计图是否一致。

⑧天窗、天井等设置是否与图纸一致。

3）建筑节能设计基本情况表

建筑节能基本情况表中内容与节能计算报告书和设计图说中是否一致。

4）建筑节能设计范围

①屋面、外墙、外窗、阳台门、入户门、下部架空楼板（转换层架空、底层入户大堂架空、吊层架空）、分户墙及分户楼板、采暖空调房间地面及地下室外墙等部位应作保温节能处理。

②功能转换处楼板及隔墙应有保温节能措施。

③当建筑物底层为小商店、小饭店等功能时，小商店、小饭店按住宅功能进行节能设计或说明。

④冷热桥部位应采取可靠的保温节能措施，如凸窗上下口、外露的钢筋混凝土梁、柱、墙、楼板等部位。

5）空调负荷计算书

10.1.4 施工图节能设计案例

1）居住建筑

（1）高层住宅

①建筑概况。该建筑为塔式高层住宅，剪力墙结构形式，建筑面积 17 853.2 m²，建筑高度 99 m，平面布置如图 10.2、图 10.3 所示。

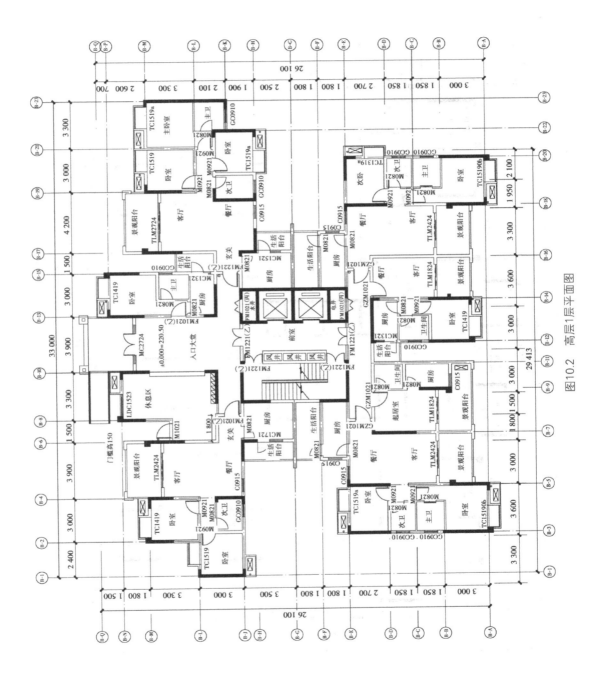

图10.2 高层1层平面图

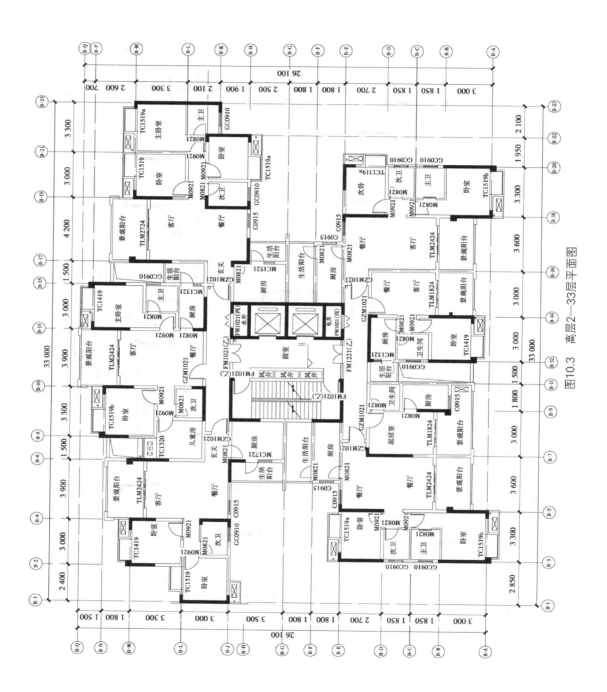

图10.3 高层2～33层平面图

②节能设计方案。分别采用了外墙自保温、外墙外保温和外墙内保温3种方案进行节能计算,详细结果见表10.1。

表10.1 高层住宅节能设计情况表

执行节能标准		65%设计标准	节能计算软件版本		PBECA2008 1.0	
建筑表面积(m²)	19 207.51	建筑体积(m³)	47 231.60		东	0.30
体形系数	0.41	朝向	西偏北37度	窗墙面积比	南	—
外窗面积(m²)	3 453.68	最大开间窗墙面积比	<0.55		西	0.09
填充墙体面积(m²)	6 214.59	热桥面积(m²)	9 060.05		北	0.17

围护结构设计情况								
分 项			主要材料	厚度(mm)	容重(kN/m³)	导热系数[W/(m·K)]	热惰性指标	修正系数
外墙	方案1:外墙自保温	填充墙	水泥砂浆	20	18	0.93	0.24	1.0
			蒸压加气混凝土砌块626~725	300	7	0.18	5.25	1.25
			水泥砂浆	20	18	0.93	0.24	1.0
		热桥	水泥砂浆	20	18	0.93	0.24	1.0
			蒸压加气混凝土砌块626~725	100	7	0.18	1.75	1.25
			钢筋混凝土	200	25	1.74	1.98	1.0
			水泥砂浆	20	18	0.93	0.24	1.0
	方案2:外墙外保温	填充墙	抗裂砂浆	5	18	0.93	0.06	1.0
			无机保温砂浆301~400	35	4	0.085	0.66	1.3
			蒸压加气混凝土砌块626~725	200	7	0.18	3.50	1.25
			水泥砂浆	20	18	0.93	0.24	1.0
		热桥	抗裂砂浆	5	18	0.93	0.04	1.0
			无机保温砂浆301~400	35	4	0.085	0.66	1.3
			钢筋混凝土	200	25	1.74	1.98	1.0
			水泥砂浆	20	18	0.93	0.24	1.0

续表

分项			主要材料	厚度（mm）	容重（kN/m³）	导热系数 [W/(m·K)]	热惰性指标	修正系数
外墙	方案3：外墙内保温	填充墙	水泥砂浆	20	18	0.93	0.24	1.0
			蒸压加气混凝土砌块 626~725	200	7	0.18	3.50	1.25
			无机保温砂浆 301~400	35	4	0.085	0.66	1.3
			抗裂砂浆	5	18	0.93	0.06	1.0
		热桥	水泥砂浆	20	18	0.93	0.24	1.0
			钢筋混凝土	200	25	1.74	1.98	1.0
			无机保温砂浆 301~400	35	4	0.085	0.66	1.3
			抗裂砂浆	5	18	0.93	0.06	1.0
屋面			细石混凝土	40	25	1.74	0.39	1.0
			水泥砂浆	20	18	0.93	0.24	1.0
			泡沫混凝土 331~430	150	4	0.10	2.71	1.5
			水泥砂浆	20	18	0.93	0.24	1.0
			钢筋混凝土	120	25	1.74	1.19	1.0
分户墙			水泥砂浆	20	18	0.93	0.24	1.0
			页岩空心砖	200	8	0.54	2.14	1.0
			水泥砂浆	20	18	0.93	0.24	1.0
分户楼板			全轻混凝土 931~1 030	50	10	0.27	0.85	1.2
			钢筋混凝土	100	25	1.74	0.99	1.0
			水泥砂浆	20	18	0.93	0.24	1.0
地面			碎石混凝土	40	23	1.51	0.41	1.0
			泡沫混凝土 531~630	200	6	0.14	3.70	1.2
			碎石混凝土	80	23	1.51	0.81	1.0
凸窗不透明板			抗裂砂浆	5	18	0.93	0.06	1.0
			无机保温砂浆 301~400	30	4	0.085	0.66	1.3
			钢筋混凝土	100	25	1.74	0.99	1.0

续表

分　项	主要材料	厚度 （mm）	容重 （kN/m³）	导热系数 [W/(m·K)]	热惰性 指标	修正 系数
外　窗	窗框	玻璃和空气层厚度 （mm）		传热系数 [W/(m²·K)]		遮阳 系数
	彩钢复合型材 KF = 2.2 框面积23%	6 透明 + 9A + 6 透明		3.0		0.86
凸　窗	窗框	玻璃和空气层厚度 （mm）		传热系数 [W/(m²·K)]		遮阳 系数
	彩钢复合型材 KF = 2.2 框面积23%	6 高透光 LOW - E + 9A + 6 透明		2.3		0.62
户　门	节能外门, 传热系数 2.47 W/(m²·K)					

综合判断节能评估				
方　案	单位面积全年能耗(kWh/m²)			节能率 （%）
	设计建筑	参照建筑		
方案 1:外墙自保温	27.88			65.87
方案 2:外墙外保温	28.49	28.59		65.12
方案 3:外墙内保温	40.54			65.06

③节能设计图说

a. 节能设计说明专篇(图10.4)

b. 节能范围平面图(图10.5、图10.6)

c. 节能大样(图10.7—图10.12)

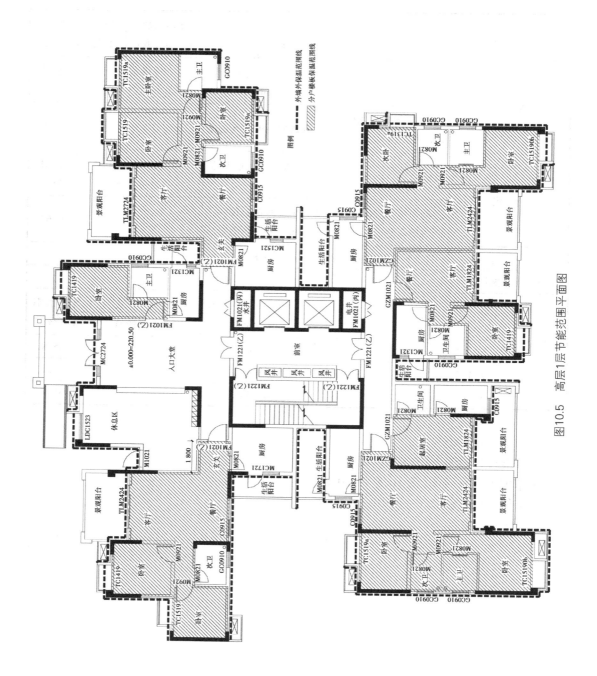

图10.5 高层1层节能范围平面图

图10.6 高层2—33层节能范围平面图

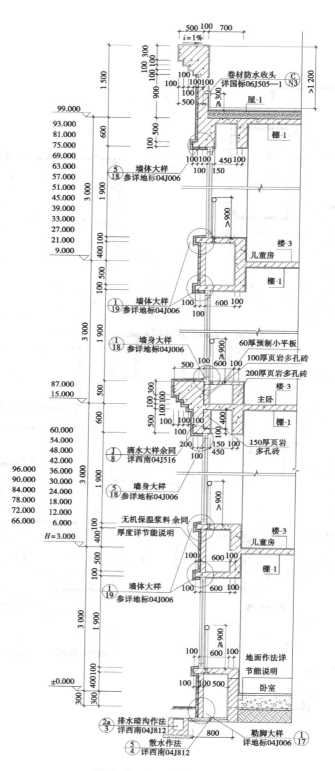

图10.7　高层墙身大样一

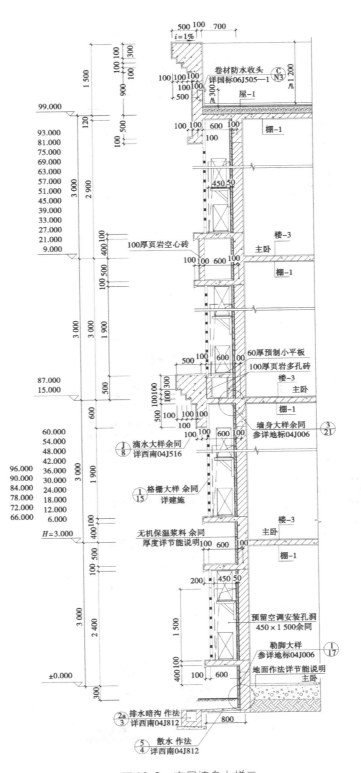

图10.8 高层墙身大样二

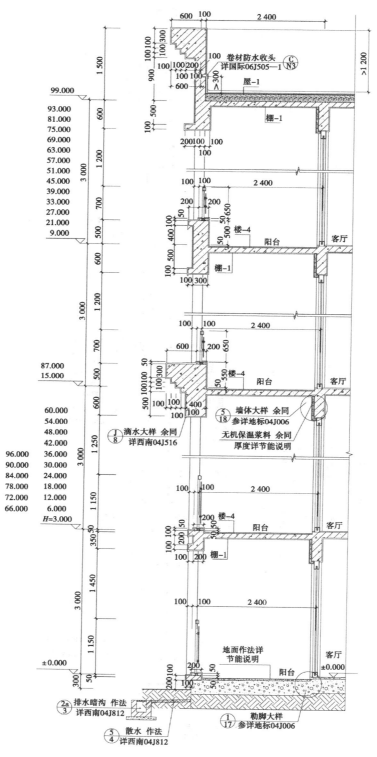

图 10.9　高层墙身大样三

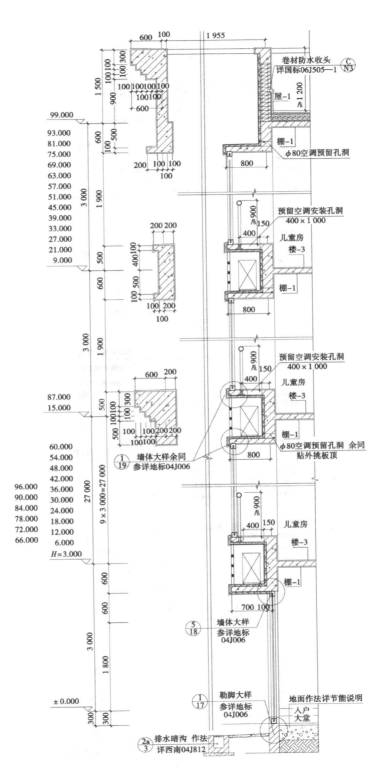

图 10.10　高层墙身大样四

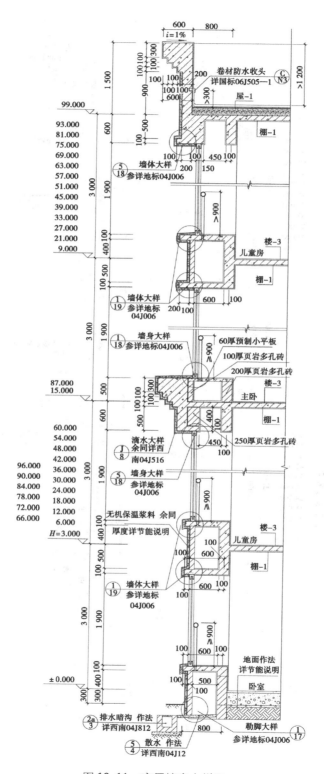

图 10.11　高层墙身大样五

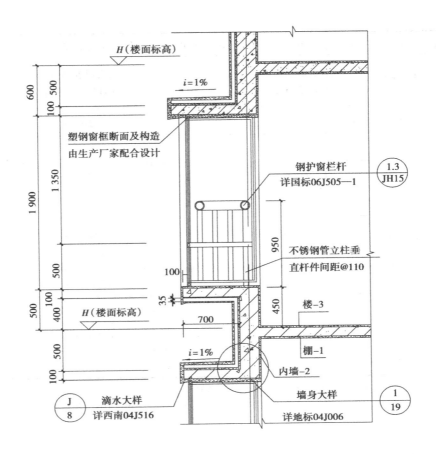

图 10.12　凸窗节点大样图

　　④造价比较。3 种方案仅外墙用材有差异,其余部位均采用相同的设计,因此本节只针对外墙部分进行造价比较,结果详见表 10.2。

表 10.2　高层外墙保温方案造价表

方　案	项　目	填充墙体 6 210 m²	热桥 9 060 m²	外墙保温 15 270 m²	造价比较
方案 1: 外墙自保温	材料	加气混凝土 (700 级)300 mm	加气混凝土 (700 级)100 mm	—	方案 1 较方案 2 节省造价约 48.4 万元,较方案 3 节省造价约 43.8 万元
	用量	1 863 m³	906 m³	—	
	单价	280 元/m³	285 元/m³	—	
	造价	521 640 元	258 210 元	—	
	总价	779 850 元			

续表

方案	项目	填充墙体 6 210 m²	热桥 9 060 m²	外墙保温 15 270 m²	造价比较
方案2：外墙外保温	材料	加气混凝土（700 级）200 mm	—	无机保温砂浆（400 级）35 mm	方案1较方案2节省造价约48.4万元，较方案3节省造价约43.8万元
	用量	1 242 m³	—	15 270 m²	
	单价	280 元/m³	—	60 元/m²	
	造价	347 760 元	—	916 200 元	
	总价	1 263 960 元			
方案3：外墙内保温	材料	加气混凝土（700 级）200 mm	—	无机保温砂浆（400 级）35 mm	
	用量	1 242 m³	—	15 270 m²	
	单价	280 元/m³	—	57 元/m²	
	造价	347 760 元	—	870 390 元	
	总价	1 218 150 元			

注：1. 加气混凝土 700 级按 280 元/m³，100 mm 厚的每立方增加 5 元；

　　2. 30 mm 厚无机保温砂浆按 55 元/m²，每增加 5 mm 厚度造价增加 5 元。内保温施工措施费用相对较低，每平方米少 3 元。

从表 10.2 看出，外墙自保温较其他两种保温形式节省工程造价约 38%，效果显著。若考虑因实施外墙自保温缩短工程周期带来的经济效益，效果更加显著。

（2）多层住宅

①建筑概况。该建筑为板式多层住宅，框架结构形式，建筑面积 3 594.57 m²，建筑高度 21.8 m。

②节能设计方案。分别采用外墙自保温、外墙外保温和外墙内保温 3 种方案进行节能计算，详细结果见表 10.3 所示。

表 10.3　多层住宅节能设计情况表

执行节能标准		65% 设计标准		节能计算软件版本	PBECA2008 1.0	
建筑表面积（m²）	3 281.75	建筑体积（m³）	7 440.29	窗墙面积比	东	0.02
体形系数	0.44	朝向	北		南	0.31
外窗面积（m²）	510.16	最大开间窗墙面积比	<0.55		西	0.02
填充墙体面积（m²）	996.6	热桥面积（m²）	1 075.3		北	0.39
围护结构设计情况						

续表

分项			主要材料	厚度（mm）	容重（kN/m³）	导热系数[W/(m·K)]	热惰性指标	修正系数
外墙	方案1：外墙自保温	填充墙	水泥砂浆	20	18	0.93	0.24	1.0
			蒸压加气混凝土砌块626~725	300	7	0.18	5.25	1.25
			水泥砂浆	20	18	0.93	0.24	1.0
		热桥	水泥砂浆	20	18	0.93	0.24	1.0
			蒸压加气混凝土砌块626~725	100	7	0.18	1.75	1.25
			钢筋混凝土	200	25	1.74	1.98	1.0
			水泥砂浆	20	18	0.93	0.24	1.0
	方案2：外墙外保温	填充墙	抗裂砂浆	5	18	0.93	0.06	1.0
			无机保温砂浆301~400	35	4	0.085	0.66	1.30
			节能型烧结页岩空心砖	200	8	0.25	3.12	1.00
			水泥砂浆	20	18	0.93	0.24	1.0
		热桥	抗裂砂浆	5	18	0.93	0.04	1.0
			无机保温砂浆301~400	35	4	0.085	0.66	1.30
			钢筋混凝土	200	25	1.74	1.98	1.0
			水泥砂浆	20	18	0.93	0.24	1.0
	方案3：外墙内保温	填充墙	水泥砂浆	20	18	0.93	0.24	1.0
			节能型烧结页岩空心砖	200	8	0.25	3.12	1.00
			无机保温砂浆301~400	35	4	0.085	0.66	1.30
			抗裂砂浆	5	18	0.93	0.06	1.0
		热桥	水泥砂浆	20	18	0.93	0.24	1.0
			钢筋混凝土	200	25	1.74	1.98	1.0
			无机保温砂浆301~400	35	4	0.085	0.66	1.30
			抗裂砂浆	5	18	0.93	0.06	1.0
屋面			细石混凝土（内配筋）	40	25	1.74	0.40	1.0
			水泥砂浆	20	18	0.93	0.24	1.0
			岩棉板	150	1.8	0.045	2.5	1.3
			水泥砂浆	20	18	0.93	0.24	1.0
			钢筋混凝土	120	25	1.74	1.19	1.0

续表

分 项	主要材料	厚度(mm)	容重(kN/m³)	导热系数[W/(m·K)]	热惰性指标	修正系数
分户墙	水泥砂浆	20	18	0.93	0.24	1.0
	页岩空心砖	200	8	0.54	2.14	1.0
	水泥砂浆	20	18	0.93	0.24	1.0
分户楼板	全轻混凝土 931～1 030	50	10	0.28	0.82	1.2
	钢筋混凝土	100	25	1.74	0.99	1.0
	水泥砂浆	20	18	0.93	0.24	1.0
架空楼板	全轻混凝土 931～1 030	50	10	0.28	0.82	1.2
	钢筋混凝土	100	25	1.74	0.99	1.0
	无机保温砂浆 260～300	30	3	0.07	0.54	1.3
	抗裂砂浆	5	18	0.93	0.06	1.0
地 面	碎石混凝土	40	23	1.51	0.41	1.0
	泡沫混凝土 431～530	250	7	0.18	4.59	1.2
	碎石混凝土	60	23	1.51	0.61	1.0
外 窗	窗框	玻璃和空气层厚度(mm)	传热系数[W/(m²·K)]			遮阳系数
	彩钢复合型材	6 透明 + 12A +6 透明	2.8			0.86
户 门	节能外门,传热系数 2.47 W·(m²·K)⁻¹					

综合判断节能评估

方 案	单位面积全年能耗(kWh/m²)		节能率(%)
	设计建筑	参照建筑	
方案1:外墙自保温	30.38		65.96
方案2:外墙外保温	31.21	31.24	65.03
方案3:外墙内保温	31.21		65.03

③节能设计图说

详见光盘文件。

④造价比较

同样只针对外墙部分进行造价比较,结果详见表10.4。

表10.4 多层住宅外墙保温方案造价表

方案	项目	填充墙体 990 m²	热桥 1 070 m²	外墙保温 2 060 m²	造价比较
方案1:外墙自保温	材料	加气混凝土（700级）300 mm	加气混凝土（700级）100 mm	—	方案1较方案2节省造价约7.3万元,较方案3节省造价约6.7万元
	用量	297 m³	107 m³	—	
	单价	280 元/m³	285 元/m³	—	
	造价	83 160 元	30 495 元	—	
	总价	113 655 元			
方案2:外墙外保温	材料	节能型烧结页岩空心砖 200 mm	—	无机保温砂浆（400级）35 mm	
	用量	198 m³	—	2 060 m²	
	单价	320 元/m³	—	60 元/m²	
	造价	63 360 元	—	123 600 元	
	总价	186 960 元			
方案3:外墙内保温	材料	节能型烧结页岩空心砖 200mm	—	无机保温砂浆（400级）35 mm	
	用量	198 m³	—	2 060 m²	
	单价	320 元/m³	—	57 元/m²	
	造价	63 360 元	—	117 420 元	
	总价	180 780 元			

注:1. 加气混凝土 700 级按 280 元/m³,100 mm 厚的每立方增加 5 元;

2. 节能型烧结页岩空心砖按 320 元/m²。

3. 30 mm 厚无机保温砂浆按 55 元/m²,每增加 5 mm 厚度造价增加 5 元。内保温施工措施费用相对较低,每平方米少 3 元。

从表10.4看出,外墙自保温较其他两种保温形式节省工程造价约39%,效果显著。

3) 低层住宅

①建筑概况

该建筑为一独栋别墅建筑,框架结构形式,建筑面积 539.64 m²,建筑高度 9.8 m,图纸及模型详见光盘文件。

②节能设计方案

采用外墙自保温、外墙外保温和外墙内保温 3 种方案进行节能计算,详细结果见表 10.5。

表 10.5　别墅节能设计情况表

执行节能标准			65% 设计标准		节能计算软件版本		PBECA2008 1.0	
建筑表面积（m²）			1 002.79	建筑体积（m³）		2 073.59	东	0.26
体形系数			0.48	朝向		西偏南 17 度	窗墙 面积比 南	0.07
外窗面积（m²）			114.28	最大开间窗墙面积比		<0.55	西	0.32
填充墙体面积（m²）			373.15	热桥面积（m²）		265.2	北	0.07
围护结构设计情况								
分　项			主要材料	厚度 （mm）	容重 （kN/m³）	导热系数 [W/(m²·K)]	热惰性 指标	修正 系数
外墙	方案 1： 外墙 自保温	填充墙	水泥砂浆	20	18	0.93	0.24	1.0
			蒸压加气混凝土砌块 626~725	300	7	0.18	5.25	1.25
			水泥砂浆	20	18	0.93	0.24	1.0
		热桥	水泥砂浆	20	18	0.93	0.24	1.0
			蒸压加气混凝土砌块 626~725	100	7	0.18	1.75	1.25
			钢筋混凝土	200	25	1.74	1.98	1.0
			水泥砂浆	20	18	0.93	0.24	1.0
	方案 2： 外墙 外保温	填充墙	抗裂砂浆	5	18	0.93	0.06	1.0
			岩棉板 80~200	45	1.5	0.045	0.75	1.30
			蒸压加气混凝土砌块 626~725	200	7	0.18	3.50	1.25
			水泥砂浆	20	18	0.93	0.24	1.0
		热桥	抗裂砂浆	5	18	0.93	0.04	1.0
			岩棉板 80~200	45	1.5	0.045	0.75	1.30
			钢筋混凝土	200	25	1.74	1.98	1.0
			水泥砂浆	20	18	0.93	0.24	1.0
	方案 3： 外墙 内保温	填充墙	水泥砂浆	20	18	0.93	0.24	1.0
			蒸压加气混凝土砌块 626~725	200	7	0.18	3.50	1.25
			无机保温砂浆 301~400	35	4	0.085	0.66	1.30
			抗裂砂浆	5	18	0.93	0.06	1.0
		热桥	水泥砂浆	20	18	0.93	0.24	1.0
			钢筋混凝土	200	25	1.74	1.98	1.0
			无机保温砂浆 301~400	35	4	0.085	0.66	1.30
			抗裂砂浆	5	18	0.93	0.06	1.0

围护结构设计情况						
分 项	主要材料	厚度（mm）	容重（kN/m³）	导热系数/[W/(m²·K)]	热惰性指标	修正系数
屋 面	细石混凝土	50	25	1.74	0.51	1.0
	水泥砂浆	20	18	0.93	0.24	1.0
	挤塑聚苯乙烯泡沫塑料	50	0.32	0.03	0.47	1.2
	水泥砂浆	20	18	0.93	0.24	1.0
	页岩陶粒混凝土（仅平屋面时有）	20	13	0.52	0.28	1.5
	钢筋混凝土	120	25	1.74	1.19	1.0
地 面	碎石混凝土	60	23	1.51	0.61	1.0
	泡沫混凝土431～530	200	5	0.14	3.70	1.2
	碎石混凝土	60	23	1.51	0.61	1.0
地下室外墙	烧结页岩多孔砖砌体	200	14	0.58	2.71	1.0
	挤塑聚苯乙烯塑料	50	3.2	0.03	0.47	1.2
	钢筋混凝土	250	25	1.74	2.47	1.0
	水泥砂浆	20	18	0.93	0.24	1.0

外 窗		窗 框	玻璃和空气层厚度（mm）	传热系数[W/(m²·K)]		遮阳系数
	方案1	彩钢复合型材	6 绿色吸热 +9A +6 透明	2.9		0.54
	方案2	彩钢复合型材	6 透明 +9A +6 透明	3.0		0.86
	方案3	彩钢复合型材	6 中透光 LOW-E +9A +6 透明	2.2		0.50

天 窗		窗 框	玻璃和空气层厚度（mm）	传热系数[W/(m²·K)]	遮阳系数
		彩钢复合型材	6 中透光 LOW-E +12A +6 透明	2.0	0.50

户 门	节能外门，传热系数2.47(W/(m²·K))

综合判断节能评估

方案	单位面积全年能耗/(kWh/m²)		节能率/(%)
	设计建筑	参照建筑	
方案1:外墙自保温	44.95	46.01	65.81
方案2:外墙外保温	46.82	47.85	65.75
方案3:外墙内保温	45.63	45.77	65.11

以上 3 种方案除外墙不一致外,外窗材料的选用也各不相同。经计算可知,外墙外保温采用普通透明中空玻璃即可,外墙自保温采用绿色吸热玻璃,并降低遮阳系数才能计算通过;外墙内保温系统则需采用中透光 LOW-E,同时降低外窗传热系数和遮阳系数才能计算通过。

③节能设计图说

详见光盘文件。

④造价比较

由于外墙和外窗都发生了变化,因此本案例的造价比较需同时对外墙和外窗进行分析,结果详见表 10.6。

表 10.6 低层住宅外墙保温方案造价表

方案	项目	填充墙体 373 m²	热桥 265 m²	外墙保温 638 m²	外窗 144 m²	造价比较
方案 1:外墙自保温	材料	加气混凝土(700 级)300 mm	加气混凝土(700 级)100 mm	—	彩钢复合型材+6 绿色吸热+9A+6 透明	
	用量	112 m³	26 m³	—	144 m²	
	单价	280 元/m³	285 元/m³	—	540 元/m²	
	造价	31 360 元	7 410 元	—	77 760 元	
	总价	116 530 元				方案 1 较方案 2 节省造价约 5.3 万元,较方案 3 节省造价约 2.58 万元
方案 2:外墙外保温	材料	加气混凝土(700 级)200 mm	—	岩棉板 45 mm	彩钢复合型材+6 透明+9A+6 透明	
	用量	75 m³	—	638 m²	144 m²	
	单价	280 元/m³	—	120 元/m²	500 元/m²	
	造价	21 000 元	—	76 560 元	72 000 元	
	总价	169 560 元				
方案 3:外墙内保温	材料	加气混凝土(700 级)200 mm	—	无机保温砂浆(400 级)30 mm	彩钢复合型材+6 中透光 LOW-E+12A+6 透明	
	用量	75 m³	—	638 m²	144 m²	
	单价	280 元/m³	—	57 元/m²	590 元/m²	
	造价	21 000 元	—	36 366 元	84 960 元	
	总价	142 326 元				

注:1. 加气混凝土 700 级按 280 元/m³,100 mm 厚的每立方增加 5 元;

2. 彩钢复合型材+6 透明+9A+6 透明按 500 元/m²,彩钢复合型材+6 绿色吸热+9A+6 透明按 540 元/m²,彩钢复合型材+6 中透光 LOW-E+12A+6 透明按 590 元/m²。

3. 岩棉板薄抹灰系统 45 mm 按 120 元/m²。

4. 30 mm 厚无机保温砂浆按 55 元/m²,每增加 5 mm 厚度,造价增加 5 元。内保温施工措施费用相对较低,每平方米少 3 元。

从表10.6可知,虽然外墙外保温采用的窗户造价最低,但外保温系统造价较高,导致总体造价比其他两种保温形式都高。造价最省的还是外墙自保温方案,较外墙外保温节省造价约31%。

综上3个案例分析,在忽略增加墙体厚度的人工费、部分施工措施费的情况下,外墙自保温较外墙外保温和外墙内保温节省造价30%～40%。加之外墙自保温具有使用寿命与主体同步、节约保温施工周期、不存在防火安全隐患,以及对外饰面材料无限制等优点,是一项经济、安全、适用的建筑节能技术,应在设计中优先考虑。

4)公共建筑

①建筑概况

该建筑为一集商业、展厅、办公为一体的公共建筑,采用框架结构形式,地上6层,地下2层(负二层为车库,负一层为车库和局部商业、办公用房),建筑高度23.5 m,建筑面积8 698.33 m²。

②节能设计方案

采用外墙自保温和外墙外保温两种方案进行节能计算,详细结果见表10.7。

表10.7　公共建筑节能设计情况表

执行节能标准		50%设计标准		节能计算软件版本		PBECA2008 1.0	
建筑表面积(m²)	9 545.15	建筑体积(m³)	41 413.53		窗墙面积比	东	0.11
体形系数	0.23	朝向	南北向			南	0.34
外窗面积(m²)	144.28					西	0.29
填充墙体面积(m²)	3 492.6	热桥面积(m²)	1 409.7			北	0.16
围护结构设计情况							

分 项			主要材料	厚度(mm)	容重(kN/m³)	导热系数[W/(m²·K)]	热惰性指标	修正系数
外墙	方案1:外墙自保温	填充墙	水泥砂浆	20	18	0.93	0.24	1.0
			蒸压加气混凝土砌块626~725	300	7	0.18	5.25	1.25
			水泥砂浆	20	18	0.93	0.24	1.0
		热桥	水泥砂浆	20	18	0.93	0.24	1.0
			蒸压加气混凝土砌块626~725	100	7	0.18	1.75	1.25
			钢筋混凝土	200	25	1.74	1.98	1.0
			水泥砂浆	20	18	0.93	0.24	1.0

续表

围护结构设计情况							
分 项			主要材料	厚度（mm）	容重/（kN/m³）	导热系数/[W/(m²·K)]	热惰性指标	修正系数
外墙	方案2：外墙外保温	填充墙	抗裂砂浆	5	18	0.93	0.06	1.0
			岩棉板80~200	50	1.5	0.045	0.83	1.30
			蒸压加气混凝土砌块626~725	200	7	0.18	3.50	1.25
			水泥砂浆	20	18	0.93	0.24	1.0
		热桥	抗裂砂浆	5	18	0.93	0.04	1.0
			岩棉板80~200	50	1.5	0.045	0.83	1.30
			钢筋混凝土	200	25	1.74	1.98	1.0
			水泥砂浆	20	18	0.93	0.24	1.0
屋 面			细石混凝土	50	25	1.51	0.41	1.0
			水泥砂浆	20	18	0.93	0.24	1.0
			泡沫混凝土330	150	3.3	0.08	2.66	1.5
			水泥砂浆	20	18	0.93	0.24	1.0
			钢筋混凝土	120	25	1.74	1.19	1.0
地 面			碎石混凝土	60	23	1.51	0.61	1.0
			蒸压加气混凝土砌块426~525	200	5	0.14	2.37	1.2
			碎石混凝土	100	23	1.51	1.02	1.0
架空楼板			水泥砂浆	20	18	0.93	0.24	1.0
			钢筋混凝土	100	25	1.74	0.99	1.0
			岩棉板	30	1.5	0.045	0.50	1.3
			抗裂砂浆	5	18	0.93	0.06	1.0

外 窗	窗 框	玻璃和空气层厚度/(mm)	传热系数/[W/(m²·K)]	遮阳系数
	彩钢复合型材	6透明+9A+6透明	3.0	0.86

综合判断节能评估			
方 案	单位面积全年能耗/（kWh/m²）		节能率/%
	设计建筑	参照建筑	
方案1：外墙自保温	151.06	151.73	50.22
方案2：外墙外保温	149.86	151.73	50.62

两种方案仅外墙保温形式不同,外窗均为普通透明中空玻璃,均满足了节能设计标准要求。

③节能设计图说

④造价比较

同前面住宅案例一样,只针对外墙保温系统做造价比较,结果详见表10.8。

表10.8 公共建筑外墙保温方案造价表

方案	项目	填充墙体 3 490 m²	热桥 1 410 m²	外墙保温 4 900 m²	造价比较
方案1:外墙自保温	材料	加气混凝土(700级)300 mm	加气混凝土(700级)100 mm	—	方案1较方案2节省造价约4.7万元
	用量	1 047 m³	141 m³	—	
	单价	280 元/m³	285 元/m³	—	
	造价	293 160 元	40 185 元	—	
	总价	33 3345 元			
方案2:外墙外保温	材料	加气混凝土(700级)200 mm	—	岩棉板 50 mm	
	用量	698 m³	—	4 900 m²	
	单价	280 元/m³	—	125 元/m²	
	造价	195 440 元	—	612 500 元	
	总价	807 940 元			

注:1. 加气混凝土700级按280元/m²,100 mm 厚的每立方增加5元;

2. 岩棉板薄抹灰系统50 mm 按125元/m²。

从表10.8可知,由于岩棉板保温系统造价相对较高,致使自保温方案较外保温方案在外墙保温系统造价上节省,仅为外墙保温方案造价的41%。因此,墙体自保温系统在公共建筑中同样具有突出的优势。

10.2 采暖、通风和空调专业节能设计深度及节能专篇编制

10.2.1 方案阶段节能设计深度及节能专篇编制

计算总热负荷为:××××kW。经技术经济比较,采用××××作为空调冷源,××××作为空调热源。

根据工程具体情况简述所采用冷、热源的合理性,本工程××××部分需设置夏、冬季冷暖空调,空调总面积约为:××××m²。空调估算冷指标为:××××W/m²,估算热指标为:××××W/m²;估算总冷负荷为:××××kW,估算出所采用冷、热源设备的能效比。

10.2.2 居住建筑初步设计阶段节能设计深度及节能专篇编制

1) 文本部分——节能专篇

（1）设计依据（如暖通章节作了说明，此处可不重复）

《居住建筑节能50%设计标准》DBJ 50—102—2010——执行《50%》时

《居住建筑节能65%设计标准》DBJ 50—102—2010——执行《65%》时

《清水离心泵能效限定值及能效等级》GB 19762—2007

《家用和类似用途电器噪声限值》GB 19606—2004

（2）室内设计参数（如暖通章节作了说明，此处可不重复）

①冬季采暖室内热环境计算参数

采暖空间室内设计参数　　　18 ℃；

换气次数　　　　　　　　1.0 次/h。

②夏季空调室内设计参数

空调空间室内热环境计算参数　　26 ℃；

换气次数　　　　　　　　1.0 次/h。

（3）空调设计（该部分在暖通章节和节能专篇均需说明）

当住宅采用分体式空调时，住宅房间空调由用户自购，建议所购分体式空调的能效比满足表10.9、表10.10的要求：

表10.9　房间空调器能源效率等级（执行《50%》时）

类　型	额定制冷量（CC,W）	能效比（W/W）
整体式	—	2.90
分体式	CC≤4 500	3.20
	4 500 < CC≤7 100	3.10
	7 100 < CC≤14 000	3.00

表10.10　房间空调器能源效率等级（执行《65%》时）

类　型	额定制冷量（CC,W）	能效比（W/W）
整体式	—	3.10
分体式	CC≤4 500	3.40
	4 500 < CC≤7 100	3.30
	7 100 < CC≤14 000	3.20

当住宅采用户式中央空调系统时，空调估算冷指标为：××××W/m²；估算热指标为：××××W/m²；A户型空调总面积为：××××m²；估算总冷负荷为：××××kW；估算总热负荷为：××××kW；B户……经技术经济比较，采用×××作为空调冷源，×××

×作为空调热源。

根据工程具体情况简述所采用冷、热源的合理性,估算出所采用冷、热源设备的能效比。

(4)采暖空调房间空调季节的通风换气措施

执行《65%》时,该部分在暖通章节和节能专篇均要作说明。

①当采用自然通风器时:

经与甲方协商,本工程采用自然通风器,通风器形式按重庆市标准图《建筑通风器(自然通风器)》DJBT—054 中×××选用。详见建筑专业××××章节。

②当采用户式机械通风系统时:

经与甲方协商,本工程采用户式机械通风系统,每户设一套户式机械通风系统。

系统计算总风量(m³/h) = 每户通风面积(m²)×房间净高×1 次/h(写出计算结果)。系统所选用风机型号为:××××。所选用风机的能效比及噪声值均满足《家用和类似用途电器噪声限值》GB 19606—2004。

2)图纸部分

应在设备表中列出空调冷热源机组性能参数及能效比;列出户式机械通风风机的性能参数、噪声值及能效比。

10.2.3 居住建筑节能施工图设计阶段节能设计深度及节能专篇编制

1)设计总说明——节能章节

(1)设计依据(如空调章节作了说明,此处可不重复)

《居住建筑节能 50% 设计标准》DBJ 50—102—2010——(执行《50%》时)

《居住建筑节能 65% 设计标准》DBJ 50—102—2010——(执行《65%》时)

《清水离心泵能效限定值及能效等级》GB 19762—2007

《家用和类似用途电器噪声限值》GB 19606—2004

(2)室内设计参数

①冬季采暖室内热环境计算参数

采暖空间室内设计参数　　18 ℃;

换气次数　　　　　　　　1.0 次/h。

②夏季空调室内设计参数

空调空间室内热环境计算参数　　26 ℃;

换气次数　　　　　　　　1.0 次/h。

(3)空调设计

①当住宅采用分体式空调时,住宅房间空调由用户自购,建议所购分体式空调的能效比满足表 10.11、表 10.12 的要求:

表 10.11　房间空调器能源效率等级（执行《50%》时）

类　型	额定制冷量（CC,W）	能效比（W/W）
整体式	—	2.90
分体式	CC≤4 500	3.20
	4 500＜CC≤7 100	3.10
	7 100＜CC≤14 000	3.00

表 10.12　房间空调器能源效率等级（执行《65%》时）

类　型	额定制冷量（CC,W）	能效比（W/W）
整体式	—	3.10
分体式	CC≤4 500	3.40
	4 500＜CC≤7 100	3.30
	7 100＜CC≤14 000	3.20

②当住宅采用户式中央空调系统时：

a.根据工程具体情况简述所采用冷、热源的合理性，写出所采用冷、热源设备的能效比。

b.空调系统水泵扬程计算详见"水泵扬程计算书"。

c.空调风管保温材料选用××××，保温材料的热阻＞0.74［（m² · K）/W］；水管保温材料选用××××，厚度为××××。

以上三条均需满足相关节能标准的要求。

（4）采暖空调房间空调季节的通风换气措施（执行《65%》）

①当采用自然通风器时：

经与甲方协商，本工程采用自然通风器，通风器形式按重庆市标准图《建筑通风器（自然通风器）》DJBT—054 中××××选用。详见建筑专业××××章节。

②当采用户式机械通风系统时：

经与甲方协商，本工程采用户式机械通风系统，每户设一套户式机械通风系统。

系统计算总风量（m³/h）＝每户通风面积（m²）×房间净高×1 次/h（写出计算结果）。系统所选用风机型号为：××××。所选用风机的能效比及噪声值均满足《家用和类似用途电器噪声限值》GB 19606—2004。

2）空调负荷计算书（应打印出的部分）

①室外气象参数；

②室内设计参数表：内容包括楼层名称、房间名称、房间面积、冬、夏季室内设计温（湿）度、人员密度、照明标准、新风量；

③围护结构参数：包括围护结构名称、传热系数、遮阳系数；

④空调负荷统计数据(综合最大值)表:包括房间名称及编号、新风量及新风冷负荷、总冷(热)面积指标及总冷(热)负荷、围护结构冷(热)负荷、最大冷负荷发生时刻;

⑤应在封面标明计算软件名称与版本;计算、校对、审核人员应签署完整。

3)水泵扬程计算书

应注明冷、热源设备,空调末端机组及自控阀门,水过滤器等局部阻力取值。

4)图纸部分

应在设备表中列出空调冷热源机组性能参数及能效比;列出水泵性能参数及效率。列出户式机械通风风机的性能参数、噪声值及能效比。

10.2.4　公共建筑初步设计阶段节能设计深度及节能专篇编制

1)文本部分——节能专篇

(1)设计依据(如暖通章节作了说明,此处可不重复)

《公共建筑节能设计标准》GB 50189—2005

《公共建筑节能设计标准》DBJ 50—052—2006

《清水离心泵能效限定值及能效等级》GB 19762—2007

《通风机能效限定值及能效等级》GB 19761—2009

(2)室内设计参数表(如暖通章节作了说明,此处可不重复)

应按国家标准及地方标准《公共建筑节能设计标准》第3.0.2条及3.0.3条列出各种功能室内计算参数表。

(3)空调设计

本工程×××部分设置中央空调系统,空调估算冷指标为:×××× W/m²,估算热指标为:×××× W/m²;空调总面积为:×××× m²;估算总冷负荷为:×××× kW,估算总热负荷为:×××× kW;经技术经济比较,采用××××作为空调冷源,××××作为空调热源。根据工程具体情况简述所采用冷、热源的节能性;注明所采用冷、热源设备的能效比。

①简述空调系统划分及冷热水系统形式的节能性。

②空调系统为全空气系统时,简述实现全新风运行和可调新风比措施、相应排风系统的设置。

③简述热排风回收装置的设置情况。

④简述空调冷、热源及空调风、水系统的控制措施。

⑤简述风管及水管保温材料的选择。

2)图纸部分

应在设备表中列出空调冷热源机组性能参数及能效比;应在大型、复杂工程的空调系统(机房部分)自控原理图上表示系统的节能控制方式。

10.2.5 公共建筑施工图设计阶段节能设计深度及节能专篇编制

1）设计总说明——节能章节

（1）设计依据（如空调章节作了说明，此处可不重复）

《公共建筑节能设计标准》GB 50189—2005

《公共建筑节能设计标准》DBJ 50—052—2006

《清水离心泵能效限定值及能效等级》GB 19762—2007

《通风机能效限定值及能效等级》GB 19761—2009

（2）室内设计参数（如空调章节作了说明，此处可不重复）

应按国家标准及地方标准《公共建筑节能设计标准》第 3.0.2 条及 3.0.3 条确定室内计算参数。

（3）空调设计

①根据工程具体情况简述所采用冷、热源的节能性，写出所采用冷、热源设备的能效比。

②冷热水系统形式的节能性；写出空调冷、热水系统输送能效比计算值；空调冷、热水泵扬程计算详见"水泵扬程计算书"。

③简述空调系统划分的节能性；写出大型空调风系统单位风量耗功率计算值。

④空调风管保温材料选用××××，保温材料的热阻>0.74[(m²·K)/W]；水管保温材料选用××××，厚度为××××。以上两项均满足相关节能标准的要求。

⑤空调系统为全空气系统时，简述实现全新风运行和可调新风比措施、相应排风系统的设置。

⑥简述热排风回收装置的设置情况。

⑦简述空调冷、热源及空调风、水系统的控制措施。

⑧简述采用的节能新技术。如一次变流量系统、二次泵变流量系统、变风量系统、水源热泵系统、冰蓄冷低温送风，等等。

2）空调负荷计算书（应打印出的部分）

①室外气象参数。

②室内设计参数表：内容包括楼层名称、房间名称、房间面积、冬、夏季室内设计温（湿）度、人员密度、照明标准、新风量。

③围护结构参数：包括围护结构名称、传热系数、遮阳系数。

④空调负荷统计数据（综合最大值）表：包括房间名称及编号，新风量及新风负荷、总冷（热）指标及总冷（热）负荷、最大冷负荷发生时刻；应按空调系统计算负荷、统计结果，这既方便下一阶段设计，也便于检查、复核。

⑤应在封面标明计算软件名称与版本；计算、校对、审核人员应签署完整。

3）水泵扬程计算书

应注明冷、热源设备，空调末端机组及自控阀门，水过滤器等局部阻力取值。

4）图纸部分

①设备表中标明空调冷热源机组的能效比值。

②在设备表中标明通风机总效率；大型空调风系统风机单位风量耗功率值。

③在设备表中标明水泵的工作点效率、水系统输送能效比。

④大型、复杂工程的空调系统（机房部分）自控原理图上标示系统的节能控制方式。

10.3 电气专业初步设计、施工图阶段节能设计深度及节能专篇编制

10.3.1 设计深度

在初步设计节能专篇和施工图节能设计说明中应说明：

①拟采用的节能措施；

②表述节能产品的应用情况。

根据项目的具体情况，增减以下内容。

1）变配电及动力控制

①说明供配电系统设计节能情况（包括变压器的负荷率、变电所的供电半径及电压降控制要求、季节负荷调整措施，同一电压等级配电至负荷终端的级数）。

②说明提高功率因素，降低无功损耗措施。

③说明供配电线路控制线损的措施（如按经济电流密度校核）。

④说明所选变压器、电动机等设备的节能技术要求。

⑤说明所选择的动力控制装置的节能控制技术要求。

2）照明

①说明或列出设计项目中所执行《建筑照明设计标准》（GB 50034—2004）第6.1节中所规定对应场所照明功率密度值指标。

②说明室内照明设计应充分利用天然采光并结合控制方式的相应措施。

③说明设计项目中所采用主要灯具、光源及镇流器的技术要求。

④说明公共建筑及居住建筑的公共部分照明控制的措施。

⑤说明室外景观照明、停车场、库场所采取的照明控制措施。

10.3.2 节能专篇编制

1）供配电系统节能

①10/0.4 kV 变配电所应尽量靠近负荷中心，最大供电半径小于200 m，电压降控制在××；合理选择变压器的容量和台数，以适应季节性负荷变化时能够灵活投切变压器；合理

125

分配负荷,控制变压器负载率为 65% ~ 85%。

②变压器低压侧设静电电容器自动补偿装置集中补偿、带节能电感镇流器的气体放电灯就地设补偿电容器分散补偿。低压补偿功率因数为 0.9 以上。选用有源滤波器治理谐波,提高供电质量、节约能源。

③减少线路损耗:尽量选用电阻率 ρ 较小的导线;减少导线长度;在满足载流量、热稳定、保护配合及电压降要求的前提下,参照根据 TOC 计算方法计算出的经济电流范围表作校核。

④选用××型节能变压器;选用高效率的电动机;采用变频调速控制电动机,使其在负载率变化时自动调节转速,使得转速与负载变化相适应以提高电动机轻载时的效率。

2)照明节能

①照明设计满足《建筑照明设计标准》中规定的各种照度标准、视觉要求、照明功率密度,其主要场所的平均照度及功率密度值如下:

住宅门厅:照度 150 lx,照明功率密度 8 W/m²;

变配电室:照度 200 lx,照明功率密度 8 W/m²;

弱电机房:照度 500 lx,照明功率密度 18 W/m²;

走道:照度 50 lx,照明功率密度 3 W/m²;

车库:照度 75 lx,照明功率密度 5 W/m²;

普通商场及超市营业厅:照度 300 lx,照明功率密度 12 W/m²;

高档商场及超市营业厅:照度 500 lx,照明功率密度小于 19 W/m²;

办公室:照度 300 lx,照明功率密度小于 11 W/m²。

②在保证不降低作业面视觉要求、不降低照明质量的前提下,充分合理地利用自然光,使之与室内人工照明有机地结合,以节约人工照明电能。

③一般房间(场所)优先采用高效发光的荧光灯(如 T5、T8 管)及紧凑型荧光灯,高大车间、厂房及体育馆场及室外照明等一般照明采用高压钠灯、金属卤化物灯等高效气体放电光源;使用低能耗及性能优的光源附件(电子镇流器、节能型电感镇流器、电子触发器以及电子变压器等)。

④ 根据照明使用特点,采取分区控制灯光或适当增加照明开关点;卧房、客房等床头灯采用调光开关;高级客房采用节电钥匙开关;公共场所及室外照明采用程序控制或光电、声控开关;走道、楼梯等人员短暂停留的公共场所采用节能自熄开关,应急照明应有应急时强制点亮的措施。

应根据项目的具体情况,增减以上内容。

10.4 给水排水专业节能设计深度要求及节能专篇编制

10.4.1 方案和初步阶段节能设计深度

①是否充分利用城市给水管网供水压力直接供水。

②入户管水压大于 0.35 MPa 的是否采取减压措施。

③是否按用水类别分别设置水表。

④空调冷却用水、游泳池用水等是否采用循环供水系统。

⑤绿化用水是否采用微喷滴灌方式浇洒。

⑥卫生洁具及配水件是否选用节水型产品。

⑦水泵、加热器等是否选用高效节能的设备。

⑧冷却塔补水管是否设置计量装置。

10.4.2 施工图阶段节能设计深度

1) 节能设计深度要求

①设计总说明中应说明市政供水压力,最不利点给水所需压力,消防所需压力。

②应说明高层建筑分区值及具体分区。

③应说明每一分区生活最大小时用水量,若采用变频给水设备应说明设计秒流量。

④应说明循环水系统的使用性质,如空调机组冷却水循环系统,工艺设备冷却循环系统,游泳池、水景的循环系统等。

⑤应说明每个循环系统的循环水量,设备进出口温差及所需压力,当地气象参数。

⑥应说明热水系统所采用的热源,热水最高日用量及设计小时耗热量。

⑦应在材料表中标明所选用设备的型号规格和技术参数,如水泵的流量(应注最大～最小流量),扬程(最高～最低)、功率、效率,冷却塔的水量、功率,热水机组型号,制水用量等,以供审查时校核。

2) 节水设计深度要求

①设计依据中应有《节水型生活用水器具》CJ 164—2002。

②设计说明中应强调采用的节水卫生器具其性能满足 CJ 164—2002 要求。

③小区、厂区、建筑物地进户管上应设总水表。

④住宅每户,公共建筑各用水点,工厂各用水部门均应设水表计量。

⑤住宅的水表应在户外便于管理的地方集中设置。

⑥绿化洒浇用水,水景及各种循环系统的补给水应设水表计量。

⑦水景、游泳池及工艺设备冷却用水应循环使用,应有相关的循环系统设计图。

⑧水池、水箱应设置水位监控系统,设置溢流报警水位,防止长时间溢流。

⑨热水系统应保证干管和立管中的热水循环。

⑩在工厂设计中有条件时采用复用水系统。

10.4.3 节能专篇编制

1) 设计依据

《建筑给水排水设计规范》GB 50015—2003(2009 年版)。

《节水型生活用水器具》CJ 164—2002。

主管部门对上阶段给排水节能设计的意见。

2）节能措施

①说明水源和市政给水管的压力或供水高程,给水系统应充分利用市政给水压力。

②说明给水分区的划分、分区供水方式(包括市政直供水和二次加压供水的服务范围)、系统所需的减压措施。给水系统采用竖向分区方式控制最低处用水器具的静水压不超过 0.45 MPa,入户管水压不大于 0.35 MPa。

③说明热水加热方式及主要设备选择。

④说明设计选用的水泵、加热器等设备属高效节能产品。

3）节水措施

①说明系统中采用的循环系统,重复利用水资源技术措施及循环水使用率。

②说明不同建筑类型及同一建筑不同使用性质的给水系统应分别设计计量装置。

③说明绿化等灌溉系统应推广设计微灌、渗灌、滴灌系统。

④说明有条件时,应积极推广应用中水系统及雨水回用系统,并简述其工艺流程及设计规模。

⑤说明选用的卫生洁具必须符合《节水型生活用水器具》标准,座便器水箱容积不大于 6 L。

⑥公共卫生间宜采用红外感应水嘴、感应式冲洗阀小便器、大便器等能消除长流水的水嘴和器具。

⑦水池(箱)设报警溢流水位,防止长时间溢流排水。

参 考 文 献

［1］住房和城乡建设部工程质量安全监管司,中国建筑标准设计研究院.全国民用建筑工程设计技术措施——电气［M］.北京:中国计划出版社,2009.

［2］住房和城乡建设部工程质量安全监管司,中国建筑标准设计研究院.全国民用建筑工程设计技术措施——给排水［M］.北京:中国计划出版社,2009.

［3］建设部工程质量安全监督与行业发展司,中国建筑标准设计研究院.全国民用建筑工程设计技术措施节能专篇——暖通空调·动力［M］.北京:中国计划出版社,2007.

［4］住房和城乡建设部工程质量安全监管司,中国建筑标准设计研究院.全国民用建筑工程设计技术措施——暖通空调·动力［M］.北京:中国计划出版社,2009.

［5］朗四维.公共建筑节能设计标准宣贯辅导教材［M］.北京:中国建筑工业出版社,2005.

［6］陆耀庆.实用供暖空调设计手册［M］.2 版.北京:中国建筑工业出版社,2008.

［7］重庆市设计院.重庆市民用建筑节能初步、施工图设计深度规定(施行),2006 年 1 月.

［8］机械工业部第三设计研究院.重庆市民用建筑节能设计施工图审查要点(试行),2006 年 11 月.